Kompaktwissen und Prüfungstraining für IT-Berufe

(IT-System-Kaufleute / Informatikkaufleute)

Rechnungswesen

Lehrbuch mit Übungsaufgaben und kommentierten Lösungen

Verfasser:
Felix Schneider, Dipl.-Kaufmann

2., überarbeitete Auflage 2016

E-Mail: schneider-f@versanet.de
Internet: www.schneider-felix.de

ISBN 978-1502881984

Vorwort

Dieses Lehrbuch wurde speziell für die **IT-System-Kaufleute** und **Informatikkaufleute** geschrieben.

Die Kapitel A bis C sind als traditionelles Lehrbuch aufgebaut; hier wird Ihnen der Prüfungsstoff „Buchhaltung“ sowie „Kosten- und Leistungsrechnung“ systematisch und verständlich vermittelt.

Da **IT-System-Elektroniker** und **Fachinformatiker** nur sehr oberflächliche Kenntnisse in der Buchhaltung benötigen, habe ich für diese ein anderes Lehrbuch erstellt, das deutlich kürzer ist.

Die Kapitel D und E dienen anschließend der gezielten Prüfungsvorbereitung. Kapitel D verschafft Ihnen mit 46 IHK-ähnlichen Aufgaben einen guten Überblick über den bisher geprüften Rechnungswesenstoff. Aufgabentypen, die in den Abschlussprüfungen in ähnlicher Form immer wieder gestellt wurden und entsprechend wichtig sind, sind auch in der Aufgabensammlung häufiger vertreten. Wenn Sie alle Aufgaben bearbeiten, üben Sie so automatisch die besonders wichtigen Aufgaben intensiver.

Kapitel E beinhaltet die Lösungen: nicht nur die reinen Ergebnisse, sondern auch die Rechenwege und zusätzliche Erläuterungen. Außerdem gibt es Verweise, in welchem Kapitel Sie den betreffenden Stoff nochmals nachlesen können, wenn Ihnen die Aufgabe Schwierigkeiten bereitet hat. Gerade durch diese Kombination aus traditionellem Lehrbuch und vielen IHK-ähnlichen Aufgaben werden Sie effizient auf die IHK-Prüfung vorbereitet.

Die Themengebiete Volkswirtschaftslehre, Betriebswirtschaftslehre (inklusive Controlling) sowie Sozialkunde werden in meinem Buch „**Kompaktwissen und Prüfungstraining für IT-Berufe, Wirtschaftsprozesse**“ behandelt.

Berlin, im Herbst 2014 Felix Schneider

Inhaltsverzeichnis

A Teilbereiche des betrieblichen Rechnungswesens 7

B Buchführung und Jahresabschluss 9

1 Grundlagen der Buchführung 9
1.1 Buchführungspflicht 9
1.2 Grundsätze ordnungsgemäßer Buchführung (GoB) 9
2 Inventur, Inventar und Bilanz 10
2.1 Inventur 10
2.2 Inventar 11
2.3 Bilanz 13
2.3.1 Aufbau der Bilanz 13
2.3.2 Informationen der Bilanz 14
2.3.3 Zusammenhang zwischen Inventar und Bilanz 15
2.3.4 Unterschied zwischen Inventar und Bilanz 15
3 Das System der doppelten Buchführung 15
3.1 Veränderungen der Bilanz durch Geschäftsvorfälle 15
3.2 Auflösung der Bilanz in Bestandskonten 17
3.3 Buchen auf Bestandskonten 19
3.4 Der Buchungssatz 22
3.5 Eröffnungsbilanzkonto und Schlussbilanzkonto 25
3.6 Buchen auf Erfolgskonten 27
3.6.1 Grundbegriffe des Finanz- und Rechnungswesens 27
3.6.2 Buchung der Aufwendungen und Erträge 28
3.6.3 Das Gewinn- und Verlustkonto 29
4 Umsatzsteuer (Mehrwertsteuer) 31
4.1 Wesen der Umsatzsteuer 31
4.2 Buchung der Umsatzsteuer 32
5 Privatkonto 37
6 Abschreibung 38
6.1 Ursachen und Buchung der Abschreibung 38
6.2 Berechnung der Abschreibung 39

7 Buchung von Handelsware 41
7.1 Die bestandsorientierte Buchung des Wareneinkaufs 41
7.2 Die aufwandsorientierte (verbrauchsorientierte) Buchung des Wareneinkaufs 43

8 Die aufwandsorientierte Buchung der Werkstoffeinkäufe 45

9 Weiterführende Buchungen im Beschaffungsbereich 46
9.1 Bezugskosten (Anschaffungsnebenkosten) 46
9.2 Preisnachlässe/Gutschriften 48
9.2.1 Sofort gewährte Preisnachlässe 48
9.2.2 Gutschriften von Lieferanten aufgrund von Rücksendungen 48
9.2.3 Nachträgliche Preisnachlässe 49
9.2.4 Lieferantenskonti 51

10 Weiterführende Buchungen im Absatzbereich 52
10.1 Vertriebskosten 52
10.2 Preisnachlässe/Gutschriften 53
10.2.1 Gutschriften an Kunden aufgrund von Rücksendungen 53
10.2.2 Nachträgliche Preisnachlässe 54
10.2.3 Kundenskonti 55

11 Die Nebenbücher 56

12 Jahresabschluss 57
12.1 Bewertung des Vermögens 57
12.2 Rückstellungen 58

C Kosten- und Leistungsrechnung 59

1 Grundlagen der Kosten- und Leistungsrechnung 59
1.1 Abgrenzung zwischen Finanzbuchhaltung und Kosten- und Leistungsrechnung 59
1.2 Aufgaben der Kosten- und Leistungsrechnung 59
1.3 Kostenrechnungssysteme 59
1.3.1 Ist-, Normal- und Plankostenrechnung 60
1.3.2 Vollkostenrechnung und Teilkostenrechnung 60
1.4 Stufen der Kosten- und Leistungsrechnung 60

2 Kostenartenrechnung 60
2.1 Abgrenzungsrechnung 61
2.2 Einfache Ergebnistabelle 63

2.3 Erfassung der kalkulatorischen Kosten ... 65
2.3.1 Kalkulatorische Abschreibungen ... 65
2.3.2 Kalkulatorische Zinsen ... 66
2.3.3 Kalkulatorische Wagnisse ... 67
2.3.4 Kalkulatorischer Unternehmerlohn ... 68
2.3.5 Kalkulatorische Miete ... 68
2.4 Erweiterte Ergebnistabelle ... 68
2.5 Gliederung der Kosten ... 70
2.5.1 Gliederung nach der Art der verbrauchten Produktionsfaktoren ... 70
2.5.2 Zurechenbarkeit der Kosten zu den Kostenträgern ... 70
2.5.3 Verhalten der Kosten bei Beschäftigungsänderungen ... 71

3 Kostenstellenrechnung ... 73
3.1 Aufgaben der Kostenstellenrechnung ... 73
3.2 Bildung von Kostenstellen ... 74
3.3 Der Betriebsabrechnungsbogen ... 74
3.3.1 Der einstufige Betriebsabrechnungsbogen ... 74
3.3.2 Auswahl und Errechnung der Zuschlagsgrundlagen ... 76
3.3.3 Der erweiterte Betriebsabrechnungsbogen ... 77
3.4 Der mehrstufige Betriebsabrechnungsbogen ... 78

4 Kostenträgerrechnung (auf Vollkostenbasis) ... 80
4.1 Kostenträgerstückrechnung ... 80
4.1.1 Divisionskalkulation ... 81
4.1.2 Äquivalenzziffernkalkulation ... 81
4.1.3 Zuschlagskalkulation ... 83
4.1.4 Handelskalkulation ... 86
4.2 Kostenträgerzeitrechnung mit Istkosten ... 88
4.3 Kostenstellen- und Kostenträgerzeitrechnung mit Normalkosten ... 89
4.4 Prozesskostenrechnung ... 92

5 Teilkostenrechnung ... 95
5.1 Einstufige Deckungsbeitragsrechnung (Direct Costing) ... 96
5.1.1 Produktionsprogrammplanung bei freien Kapazitäten ... 96
5.1.2 Produktionsprogrammplanung bei knappen Kapazitäten ... 98
5.1.3 Bestimmung der Preisuntergrenze ... 99
5.1.4 Ermittlung der Gewinnschwelle (Break-even-Analyse) ... 100
5.1.5 Eigenfertigung oder Fremdbezug ... 101
5.2 Mehrstufige Deckungsbeitragsrechnung ... 102

6 Plankostenrechnung 103
6.1 Aufgaben der Plankostenrechnung 103
6.2 Ablauf der Plankostenrechnung 103
6.3 Verfahren der Plankostenrechnung 104
6.3.1 Starre Plankostenrechnung 104
6.3.2 Flexible Plankostenrechnung 105
7 Zielkostenrechnung (Target Costing) 107

D Aufgaben 109

E Lösungen 134

A Teilbereiche des betrieblichen Rechnungswesens

Das Rechnungswesen ist ein Informations-, Planungs-, Kontroll- und Steuerungssystem. Ausgangspunkt ist die mengen- und wertmäßige Erfassung der betrieblichen Geld- und Güterströme.

Aufgrund der verschiedenen Aufgaben haben sich die folgenden Teilbereiche des Rechnungswesens entwickelt:

- Finanzbuchführung und Jahresabschluss
- Kosten- und Leistungsrechnung
- Statistik
- Planungsrechnung

Finanzbuchführung und Jahresabschluss

Die Finanzbuchführung (Finanzbuchhaltung/Geschäftsbuchhaltung) dient in erster Linie der Dokumentation (Aufzeichnung) aller Geschäftsvorfälle, die zu einer Veränderung des Vermögens und des Kapitals eines Unternehmens führen (z. B. Mietzahlung, Kauf von Büromaterial, Warenverkauf). Ohne diese Aufzeichnungen würde der Betrieb sehr schnell die Übersicht verlieren. Außerdem dient die Finanzbuchhaltung damit als wichtiger Datenlieferant für die anderen Bereiche des Rechnungswesens.

Der buchführungspflichtige Unternehmer muss jeweils am Ende eines Geschäftsjahres einen **Jahresabschluss** aufstellen, insbesondere bestehend aus der Bilanz und der Gewinn- und Verlustrechnung:

- Die Bilanz ist eine Gegenüberstellung des Vermögens und der Schulden eines Unternehmens. Außerdem weist die Bilanz das Eigenkapital des Unternehmens aus.
- In der Gewinn- und Verlustrechnung werden alle Aufwendungen und Erträge eines Geschäftsjahres gegenübergestellt und so der Jahreserfolg (Gewinn oder Verlust) des Unternehmens ermittelt.

Entwickelt wird der Jahresabschluss aus den Daten der Buchführung und den Ergebnissen der Inventur.

Der Jahresabschluss informiert nicht nur Unternehmensinterne, wie die Eigentümer und Manager des Unternehmens, sondern auch Unternehmensexterne:

- Banken lassen sich vor einer Kreditvergabe die Jahresabschlüsse der letzten Jahre vorlegen.
- Der von Großunternehmen veröffentlichte Jahresabschluss stellt eine Informationsquelle für Lieferanten, Arbeitnehmer und die Öffentlichkeit dar.
- Der Jahresabschluss ist außerdem die Basis für die Steuererklärung. Entsprechend sind die Finanzbehörden wichtige Informationsempfänger.

Unternehmensexterne haben nur dann einen Nutzen, wenn sie sich auf die Richtigkeit der erhaltenen Informationen verlassen können. Deshalb ist nicht nur gesetzlich geregelt, wer eine Buchführung machen muss, sondern auch wie diese zu erfolgen hat.

Kosten- und Leistungsrechnung (KLR)

Die Unterschiede zwischen der Finanzbuchhaltung und der Kosten- und Leistungsrechnung ergeben sich aus ihren unterschiedlichen Aufgaben. Während die Finanzbuchhaltung vor allem der Rechenschaftslegung gegenüber Unternehmensexternen dient, soll die KLR dem Management Informationen bereitstellen für die Planung und Kontrolle. Entsprechend ist die KLR gesetzlich weitgehend ungeregelt und freiwillig.

Statistik

Die betriebswirtschaftliche Statistik wertet eine Vielzahl betrieblicher Daten (u. a. aus der Buchführung und der Kosten- und Leistungsrechnung) aus. Ergebnisse sind z. B. Personal-, Beschaffungs-, Produktions- und Vertriebsstatistiken.

Die Statistik dient der Wirtschaftlichkeitskontrolle und liefert Unterlagen für die Unternehmensplanung und betriebliche Entscheidungen.

Wichtige Informationen gewinnt die Statistik aus Vergleichsrechnungen:

- **Zeitvergleiche** erfassen die zeitliche Entwicklung bestimmter betrieblicher Größen (z. B. die Umsatzentwicklung).
- Im Rahmen von **Betriebsvergleichen** werden die Daten und Kennzahlen des eigenen Unternehmens vor allem mit Branchendurchschnittswerten verglichen.
- Bei **Soll-Ist-Vergleichen** werden den tatsächlich eingetretenen Werten (Ist-Werte) die geplanten oder erwünschten Werte (Soll-Werte) gegenübergestellt.

Planungsrechnung

Die Planungsrechnung soll die zukünftige Entwicklung des Unternehmens mengen- und wertmäßig abschätzen und konkrete Voranschläge errechnen. Der Gesamtplan setzt sich aus einer Vielzahl betrieblicher Teilpläne zusammen, die von den verschiedenen Unternehmensbereichen aufgestellt werden.

Hinweis:
In der Praxis sind Statistiken und Planungsrechnungen Bestandteile der anderen Teilgebiete des Rechnungswesens, wie dies z.B. der Begriff “Plankostenrechnung“ auch deutlich macht.

B Buchführung und Jahresabschluss

1 Grundlagen der Buchführung

1.1 Buchführungspflicht

Die Buchführungspflicht ergibt sich aus dem Handelsgesetzbuch (§ 238 HGB) und der Abgabenordnung (§ 140 AO):
Grundsätzlich ist jeder Kaufmann und jeder Gewerbetreibende zur Buchführung verpflichtet.

Ausnahmen:

Einzelkaufleute und Gewerbetreibende dürfen ihren Jahresgewinn oder -verlust mithilfe einer einfachen Einnahmenüberschussrechnung (Betriebseinnahmen - Betriebsausgaben) errechnen, wenn sie pro Jahr nicht mehr als 500.000 € Umsatz **und** nicht mehr als 50.000 € Gewinn erwirtschaften.

1.2 Grundsätze ordnungsgemäßer Buchführung (GoB)

Nach § 238 HGB und § 145 AO muss die Buchführung so beschaffen sein, dass sie einem Sachverständigen Dritten (z. B. Betriebsprüfer des Finanzamtes) innerhalb angemessener Zeit einen Überblick über die Geschäftsvorfälle und über die Lage des Unternehmens vermitteln kann.

Außerdem muss sichergestellt sein, dass die Finanzbuchführung den Finanzbehörden, den Gläubigern, aber auch den Eigentümern selbst, korrekte Informationen liefert.

Um diesen Anforderungen gerecht werden zu können, muss die Buchführung nachprüfbar, vollständig, richtig sowie übersichtlich sein und geordnet erfolgen. Daraus lassen sich u. a. die folgenden konkreten Grundsätze ableiten:

- Alle Geschäftsvorfälle müssen zeitnah, lückenlos, richtig und sachlich geordnet (auf den zutreffenden Konten) gebucht werden.
- Kasseneinnahmen und –ausgaben sind täglich zu erfassen.
- Jede Buchung muss anhand von Belegen (Rechnungen, Quittungen etc.) jederzeit nachprüfbar sein. Es gilt die eiserne Regel: „Keine Buchung ohne Beleg“.
- Keine Buchung darf unleserlich gemacht werden. Bleistifteintragungen und Radierungen sind generell unzulässig. Die Buchhaltungssoftware hat jede Änderung bzw. Korrekturbuchung automatisch aufzuzeichnen.
- Der Jahresabschluss muss übersichtlich gegliedert sein.
- Zum Schutz der Gläubiger fordert das Vorsichtsprinzip, dass bei der Aufstellung des Jahresabschlusses alle Risiken und Verluste angemessen berücksichtigt werden. Umgekehrt dürfen Erträge (Gewinne) erst ausgewiesen werden, wenn sie durch entsprechende Umsätze auch tatsächlich realisiert wurden. Unternehmen sollen sich also im Jahresabschluss nicht zu positiv darstellen, im Zweifelsfall lieber (etwas) zu negativ.
- Die Buchführungsunterlagen (Bücher und Belege) sind 10 Jahre aufzubewahren.

Zu den wichtigsten Belegen gehören die Rechnungen. Damit Rechnungen vom Finanzamt akzeptiert werden, müssen sie folgende Angaben beinhalten:

- vollständiger Name und Anschrift des leistenden Unternehmers und des Leistungsempfängers,
- Steuernummer oder Umsatzsteueridentifikationsnummer (USt.-ID),
- Ausstellungsdatum der Rechnung,
- fortlaufende Rechnungsnummer,
- Menge und handelsübliche Bezeichnung der gelieferten Gegenstände oder die Art und den Umfang der sonstigen Leistung,
- Zeitpunkt der Lieferung bzw. Leistung,
- das Entgelt und der hier geltende Umsatzsteuersatz (für jeden Steuersatz getrennt).

Für Rechnungen bis zu 150,00 € brutto gibt es erleichterte Vorschriften.

2 Inventur, Inventar und Bilanz

2.1 Inventur

Jeder buchführungspflichtige Unternehmer (siehe Kapitel B 1.1) muss insbesondere zu Beginn seines Handelsgewerbes und zum Ende eines jeden Geschäftsjahres eine Inventur durchführen.

Die Inventur ist die Erfassung aller Vermögensgegenstände und Schulden eines Unternehmens nach Art, Menge und Wert zu einem bestimmten Stichtag.

Körperliche Vermögensgegenstände (Maschinen, Fuhrpark, Rohstoffe etc.) werden durch Zählen, Messen und Wiegen erfasst (**körperliche Inventur**), das nichtkörperliche Vermögen (z. B. Forderungen) und die Schulden werden anhand der Buchhaltungsunterlagen ermittelt (**Buchinventur**).

Grundsätzlich sieht das Handelsgesetzbuch vor, dass die Inventur zum Bilanzstichtag durchgeführt wird, also am letzten Tag des Geschäftsjahres (**Stichtagsinventur**).

Die mit einer Inventur verbundenen Arbeiten können extrem umfangreich sein. Deshalb lässt der Gesetzgeber bei Gütern des Vorratsvermögens (Bestände an Material, Waren, unfertigen- und fertigen Erzeugnissen) folgende **Inventurvereinfachungsverfahren** zu:

- **Zeitnahe Stichtagsinventur:** Die körperliche Bestandsaufnahme erfolgt in einem Zeitraum von 10 Tagen vor **oder** 10 Tagen nach dem Stichtag. Der am Aufnahmetag ermittelte Bestand wird durch die Berücksichtigung der Zu- und Abgänge zum Bilanzstichtag fortgeschrieben (Erfassung liegt vor dem Bilanzstichtag) oder zurückgerechnet (Erfassung liegt nach dem Bilanzstichtag).
- **Verlegte Inventur**: Die Güter werden innerhalb von drei Monaten vor oder zwei Monaten nach dem Stichtag erfasst. Auch hier werden die Bestände zum Bilanzstichtag durch Fortschreibung oder Rückrechnung ermittelt.
- **Permanente Inventur**: Art, Menge und Wert des Vorratsvermögens zum Bilanzstichtag wird einfach der Lagerdatei entnommen. Voraussetzung hierfür ist eine zuverlässige Lagerbuchhaltung. Zur Überprüfung der Lagerdatei muss jeder Lagerartikel mindestens einmal im Geschäftsjahr (der Zeitpunkt ist beliebig) körperlich erfasst werden. Unternehmen können so ihren Inventuraufwand auf das ganze Jahr verteilen.
- **Stichprobeninventur**: Nur für die hochwertigen Güter erfolgt eine vollständige körperliche Bestandsaufnahme. Bei den restlichen Gütern wird lediglich eine Stichprobe gezogen und daraus der Gesamtbestand mithilfe anerkannter statistischer Verfahren hochgerechnet.

2.2 Inventar

Das Ergebnis der Inventur, also das Bestandsverzeichnis aller Vermögensgegenstände und Schulden des Unternehmens, nennt man Inventar.

Das Inventar wird (in der angegebenen Reihenfolge) in die folgenden Positionen gegliedert:

- **A. Vermögen**
  Das Vermögen wird nach der Liquidität (Flüssigkeit) angeordnet. Je länger es dauert, bis ein Vermögensgegenstand (z. B. durch Verkauf) wieder in Geld umgewandelt wird, desto weiter oben steht er. Da Grundstücke von einem Betrieb oft viele Jahrzehnte genutzt werden, stehen diese deshalb im Inventar ganz oben. Umgekehrt stehen die flüssigen Mittel wie Kassenbestände und Bankguthaben ganz unten.
  Vermögensgegenstände die dauerhaft (länger als ein Jahr) dem Unternehmen dienen sollen, gehören zum **Anlagevermögen** (z. B. Gebäude, Maschinen, Fahrzeuge). Das **Umlaufvermögen** besteht aus den Vermögensteilen, die nur kurzfristig im Betrieb verbleiben, also einem schnellen Umlauf unterliegen (z. B. Material- und Warenvorräte, Forderungen, Bankguthaben).

- **B. Schulden**
  Die Schulden werden nach der Fälligkeit angeordnet. Zuerst werden die langfristigen Schulden (z. B. Darlehensschulden bei einer Bank) aufgelistet, dann folgen die kurzfristigen Schulden (z. B. Verbindlichkeiten gegenüber Lieferanten).

- **C. Ermittlung des Reinvermögens (Eigenkapital)**
  Zieht man vom Gesamtwert des Vermögens die Summe der Schulden ab, erhält man das Reinvermögen; dies entspricht dem Eigenkapital des Unternehmens.

Inventar

der PC-Komponentenbau KG, Aalen, zum 31.12.20..

	EUR	EUR
A. Vermögen		
I. Anlagevermögen		
1. Gebäude		1.308.000
2. Technische Anlagen und Maschinen lt. Anlagenverzeichnis 1		195.730
3. Fuhrpark		
- VW-Transporter T5	22.400	
- BMW X3	17.940	40.340
4. Betriebs- und Geschäftsausstattung lt. Anlagenverzeichnis 2		27.350
II. Umlaufvermögen		
1. Rohstoffe laut Inventurliste 3		180.230
2. Hilfsstoffe laut Inventurliste 4		29.700
3. Betriebsstoffe laut Inventurliste 5		7.200
4. Unfertige Erzeugnisse laut Inventurliste 6		39.600
5. Fertige Erzeugnisse laut Inventurliste 7		113.090
6. Forderungen aus Lieferungen und Leistungen		
- SMH GmbH, München	63.270	
- Schmidt & Söhne OHG, Stuttgart	113.420	
- Friedrich Schmidt e. K., Dortmund	4.960	
- Brandt Anlagenbau KG, Halle	31.000	212.650
7. Kassenbestand		1.060
8. Bankguthaben		
- Stadtsparkasse Aalen	37.000	
- Deutsche Bank Esslingen	31.020	
- Volksbank Aalen	23.231	91.251
Summe des Vermögens		**2.246.201**
B. Schulden		
I. Langfristige Schulden		
1. Hypothekendarlehen Deutsche Bank Esslingen		800.000
2. Darlehen Volksbank Aalen		640.000
II. Kurzfristige Schulden		
1. Verbindlichkeiten aus Lieferungen und Leistungen		
- Bärwald & Kurz OHG, Böblingen	57.300	
- ARS GmbH, Esslingen	64.000	
- Bürofachhandel Kohler e. K., Aalen	279	121.579
Summe der Schulden		**1.561.579**
C. Ermittlung des Reinvermögens		
Summe des Vermögens		2.246.201
- Summe der Schulden		1.561.579
Reinvermögen (Eigenkapital)		**684.622**

Anmerkungen:

Die Betriebs- und Geschäftsausstattung (BGA) sichert die langfristige Betriebsbereitschaft eines Unternehmens. Im Gegensatz zu den technischen Anlagen und Maschinen werden die Gegenstände der Betriebs- und Geschäftsausstattung nicht unmittelbar für die Produktion eingesetzt. Beispiele: Büromöbel, Computer, Drucker, Werkstatteinrichtungen und Werkzeuge.

Die Untergliederung des Umlaufvermögens lässt sich relativ leicht aus dem betrieblichen Umsatzprozess ableiten:
Ein Industriebetrieb wird zuerst Werkstoffe (Roh-, Hilfs- und Betriebsstoffe) beschaffen und diese anschließend in der Produktion verwenden. Rohstoffe (z. B. Holz) gehen als Hauptbestandteil und Hilfsstoffe (z. B. Leim) als Nebenbestandteil in das Produkt (z. B. Bürotisch) ein. Betriebsstoffe (z. B. Schmierstoffe) werden im Produktionsprozess verbraucht, ohne Bestandteil des Produktes zu werden.
Entsprechend dem Fertigungsfortschritt entstehen zunächst unfertige und dann fertige Erzeugnisse.
Mit dem Verkauf der fertigen Erzeugnisse auf Ziel entsteht eine Forderung gegenüber dem Kunden.
Am Ende begleicht der Kunde die fällige Rechnung, in der Regel durch eine Banküberweisung.

Zwischen Unternehmen werden Geschäfte selten bar abgewickelt. Üblich ist die Lieferung der Ware auf Rechnung, verbunden mit einem Zahlungsziel (Termin bis zu dem die Rechnung zu zahlen ist). Der Verkäufer verbucht diesen **Zielverkauf** unter „Forderungen aus Lieferungen und Leistungen (abgekürzt: Forderungen a. LL)". Umgekehrt wird der Käufer die noch nicht bezahlte Rechnung, also den **Kauf auf Ziel**, unter „Verbindlichkeiten aus Lieferungen und Leistungen (abgekürzt: Verbindlichkeiten a. LL)" verbuchen.
Nicht (vollständig) ausgeglichene Rechnungen werden auch als „offene Posten" bezeichnet.

2.3 Bilanz

2.3.1 Aufbau der Bilanz

Das Inventar ist zu detailliert und umfangreich für einen schnellen Überblick. Buchführungspflichtige Unternehmer müssen deshalb zum Ende des Geschäftsjahres zusätzlich eine Bilanz erstellen. In der Bilanz werden Vermögen und Kapital eines Unternehmens gegenübergestellt. Die linke Seite der Bilanz nennt man Aktivseite, sie erfasst das Vermögen, gegliedert nach der **Liquidität**. Die rechte Seite der Bilanz ist die Passivseite, hier wird das Kapital aufgelistet, gegliedert nach der **Fristigkeit.**

Das **Eigenkapital** sind die finanziellen Mittel, die von den Eigentümern zur Verfügung gestellt (Einlagen der Gesellschafter) oder vom Unternehmen selbst erwirtschaftet (einbehaltener Gewinn) wurden. Während das Eigenkapital grundsätzlich unbefristet zur Verfügung steht, wird das **Fremdkapital** (Schulden) von Banken oder anderen Kreditgebern dem Unternehmen immer nur für eine begrenzte Dauer geliehen. Nach dem Prinzip der Fristigkeit steht deshalb in der Bilanz das Eigenkapital vor dem Fremdkapital.

Aus dem oben abgebildeten Inventar ergibt sich folgende Bilanz:

Bilanz

Aktiva	der PC-Komponentenbau KG, Aalen, zum 31.12.20.. in EUR		**Passiva**
I. Anlagevermögen		**I. Eigenkapital**	684.622
1. Gebäude	1.308.000		
2. Technische Anlagen und Maschinen	195.730	**II. Fremdkapital**	
3. Fuhrpark	40.340	1. Hypothekendarlehen	800.000
4. Betriebs- und Geschäftsausstattung	27.350	2. Darlehen	640.000
		3. Verbindlichkeiten aus Lieferungen und Leistungen	121.579
II. Umlaufvermögen			
1. Rohstoffe	180.230		
2. Hilfsstoffe	29.700		
3. Betriebsstoffe	7.200		
4. Unfertige Erzeugnisse	39.600		
5. Fertige Erzeugnisse	113.090		
6. Forderungen aus Lieferungen und Leistungen	212.650		
7. Kassenbestand	1.060		
8. Bankguthaben	91.251		
	2.246.201		**2.246.201**

2.3.2 Informationen der Bilanz

Durch die Gegenüberstellung von Vermögen und Kapital kann der Leser einer Bilanz sich schnell einen Überblick verschaffen, in welche Vermögenswerte das Unternehmen investiert hat und woher die dafür benötigten finanziellen Mittel stammen. Mittelherkunft und Mittelverwendung sind zwei Seiten einer Medaille. So lässt sich auch erklären, warum Aktiv- und Passivseite einer Bilanz immer dieselbe Summe aufweisen: Ein Unternehmen mit einem Gesamtvermögen z. B. von 100.000 € musste zwangsläufig zur Finanzierung dieses Vermögens auch 100.000 € Kapital beschaffen.

Aktiva	Bilanz		Passiva
I. Anlagevermögen		I. Eigenkapital	
II. Umlaufvermögen		II. Fremdkapital	
Vermögen	100.000	**Kapital**	100.000
Investitionsseite **Mittelverwendung**		**Finanzierungsseite** **Mittelherkunft**	
Wie wurde das verfügbare Kapital (die vorhandenen finanziellen Mittel) verwendet?		Woher kommen die finanziellen Mittel?	

2.3.3 Zusammenhang zwischen Inventar und Bilanz

Die Bilanz leitet sich aus den Unterlagen der Buchführung bzw. den Konten ab. Der in den Büchern ausgewiesene Bestand (**Sollbestand**) stimmt jedoch nicht immer mit dem tatsächlich vorhandenen Bestand (**Istbestand**) überein, z. B. aufgrund von Buchungsfehlern oder Diebstahl. Deshalb verlangt der Gesetzgeber, dass Unternehmen eine Inventur durchführen, bevor sie ihre Bilanz aufstellen. Durch die Inventur wird, unabhängig von der Buchführung, der tatsächliche Bestand des Vermögens und der Schulden festgestellt. Anschließend wird das Inventar mit den Buchwerten verglichen. Liegen Differenzen vor, werden durch entsprechende Korrekturbuchungen die Sollbestände den Istbeständen angepasst.

2.3.4 Unterschied zwischen Inventar und Bilanz

Die folgende Übersicht fasst die wichtigsten Unterschiede zwischen dem Inventar und der Bilanz zusammen:

Inventar	Bilanz
• Detaillierte Auflistung der Vermögensgegenstände und Schulden mit Mengen- und Wertangaben.	• Gleichartige Positionen (z. B. verschiedene Autos) werden zu einem Bilanzposten (z. B. Fuhrpark) zusammengefasst und nur der Gesamtwert des Bilanzpostens wird ausgewiesen.
• Darstellung in Staffelform: Alle Positionen werden untereinander aufgelistet.	• Darstellung in Kontenform: Die Vermögens- und Kapitalposten stehen sich in zwei Spalten gegenüber.
• Das Inventar dient allein innerbetrieblichen Zwecken und hat gegenüber der Buchführung eine Kontrollfunktion.	• Die Bilanz dient der Information Unternehmensexterner und wird aus den Unterlagen der Buchführung abgeleitet. Bei Abweichungen müssen die Buchwerte den Inventarwerten angepasst werden.

3 Das System der doppelten Buchführung

Bei privaten Unternehmen ist das System der doppelten Buchführung üblich, bei dem jeder Geschäftsvorfall auf mindestens zwei Konten (also doppelt) erfasst wird.

Betrachtet man die Veränderungen der Bilanz durch die verschiedenen Geschäftsvorfälle, lässt sich daraus das Prinzip der doppelten Buchführung leicht ableiten.

3.1 Veränderungen der Bilanz durch Geschäftsvorfälle

Geschäftsvorfälle (Geschäftsfälle) verändern die Positionen der Bilanz. Dabei lassen sich vier Möglichkeiten unterscheiden, die anhand der folgenden (**verkürzt dargestellten**) Ausgangsbilanz erklärt werden sollen:

Aktiva	Ausgangsbilanz		Passiva
Fuhrpark	13.000	Eigenkapital	40.000
BGA	32.000	Darlehen	34.000
Roh-,Hilfs- und Betriebsstoffe	70.000	Verbindlichkeiten a. LL	75.000
Forderungen a. LL	26.000		
Bank	8.000		
	149.000		149.000

Hinweis: BGA ist die Abkürzung für Betriebs- und Geschäftsausstattung.

Bei einem **Aktivtausch** nimmt der Wert einer Aktivposition zu und der Wert einer anderen Aktivposition ab. Die Bilanzsumme ändert sich hierbei nicht.

Beispiel 1:

Unser Kunde begleicht eine fällige Rechnung in Höhe von 2.000 € durch Banküberweisung. In diesem Fall nimmt die Aktivposition Bank um 2.000 € zu, gleichzeitig verringert sich der Aktivposten Forderungen aus Lieferungen und Leistungen um 2.000 €.

Aktiva	Bilanz nach Aktivtausch		Passiva
Fuhrpark	13.000	Eigenkapital	40.000
BGA	32.000	Darlehen	34.000
Roh-,Hilfs- und Betriebsstoffe	70.000	Verbindlichkeiten a. LL	75.000
Forderungen a. LL	**24.000**		
Bank	**10.000**		
	149.000		149.000

Hinweis:

Alle Geschäftsvorfälle werden immer aus Sicht des Betriebes betrachtet. Mit Formulierungen wie „wir" oder „unser" ist folglich immer unser Betrieb gemeint, für den wir buchen sollen.

Nimmt auf der Passivseite eine Position zu und eine andere ab, handelt es sich um einen **Passivtausch**. Auch hier bleibt die Bilanzsumme unverändert.

Beispiel 2:

Der Geschäftsführer vereinbart mit unserem Lieferanten, dass kurzfristige Verbindlichkeiten a. LL in Höhe von 30.000 € in ein langfristiges Darlehen umgewandelt werden. Die Passivposition Darlehen nimmt folglich um 30.000 € zu, der Passivposten Verbindlichkeiten a. LL nimmt in gleicher Höhe ab.

Aktiva	Bilanz nach Passivtausch		Passiva
Fuhrpark	13.000	Eigenkapital	40.000
BGA	32.000	**Darlehen**	**64.000**
Roh-,Hilfs- und Betriebsstoffe	70.000	**Verbindlichkeiten a. LL**	**45.000**
Forderungen a. LL	24.000		
Bank	10.000		
	149.000		149.000

Hinweis:

Bei jedem neuen Beispiel dient immer die vorherige Bilanz als Ausgangspunkt und nicht die erste Bilanz (Ausgangsbilanz).

Bei einer **Aktiv-Passiv-Mehrung** erhöhen sich beide Seiten der Bilanz, da sowohl ein Aktivposten als auch ein Passivposten zunehmen.

Beispiel 3:

Wir kaufen einen Firmenwagen für 34.000 €, der Autohändler gewährt uns ein Zahlungsziel von 3 Wochen. Sowohl die Aktivposition Fuhrpark als auch die Passivposition Verbindlichkeiten a. LL nehmen zu.

Aktiva	Bilanz nach Aktiv-Passivmehrung		Passiva
Fuhrpark	**47.000**	Eigenkapital	40.000
BGA	32.000	Darlehen	64.000
Roh-,Hilfs- und Betriebsstoffe	70.000	**Verbindlichkeiten a. LL**	**79.000**
Forderungen a. LL	24.000		
Bank	10.000		
	183.000		**183.000**

Durch eine **Aktiv-Passiv-Minderung** verringert sich die Bilanzsumme, sowohl eine Aktiv- als auch eine Passivposition nehmen ab.

Beispiel 4:

Wir überweisen 5.000 € an unseren Lieferanten zum Ausgleich einer fälligen Rechnung. Der Aktivposten Bank verringert sich ebenso wie der Passivposten Verbindlichkeiten a. LL um 5.000 €.

Aktiva	Bilanz nach Aktiv-Passivminderung		Passiva
Fuhrpark	47.000	Eigenkapital	40.000
BGA	32.000	Darlehen	64.000
Roh-,Hilfs- und Betriebsstoffe	70.000	**Verbindlichkeiten a. LL**	**74.000**
Forderungen a. LL	24.000		
Bank	**5.000**		
	178.000		**178.000**

3.2 Auflösung der Bilanz in Bestandskonten

Unternehmen reicht es nicht, wenn sie für jede Bilanzposition den aktuellen Wert kennen. Sie wollen außerdem auf einen Blick erkennen können, wie sich die einzelnen Positionen während des Jahres verändert haben. Außerdem ist es zu umständlich nach jedem Geschäftsvorfall die Bilanz neu zu erstellen. Deshalb wird für jeden Bilanzposten eine Einzelabrechnung, **Konto** genannt, geführt.

Eine Bilanz weist die Bestände des Unternehmens an Vermögen und Kapital aus: auf der Aktivseite den Bestand des Vermögens und auf der Passivseite den Bestand des Kapitals. Entsprechend bezeichnet man die aus der Bilanz abgeleiteten Konten als **Bestandskonten** und unterscheidet hierbei zwischen **Aktivkonten** und **Passivkonten**.

Ein Konto kann man sich vorstellen wie eine Karteikarte mit zwei Spalten: Es gibt eine Überschrift, die Kontenbezeichnung (z. B. Fuhrpark). In einer Spalte werden die Zugänge (z. B. Kauf eines neuen Pkws) und in der anderen die Abgänge (z. B. Verkauf des alten Firmenwagens) erfasst. Durch diese Trennung in zwei Spalten kann der Buchhalter schnell erkennen, wie hoch die gesamten Zugänge in einem Jahr waren und in welchem Umfang es zu Abgängen kam. Die linke Seite (Spalte) des Kontos wird mit „**Soll**" und die rechte Seite (Spalte) mit „**Haben**" bezeichnet.

Zum Beginn des Geschäftsjahres müssen die Konten eröffnet werden; hierzu werden die in der Bilanz ausgewiesenen Anfangsbestände in den Konten eingetragen. Dabei gilt eine sehr einfache Regel: Bei Aktivkonten (linke Seite der Bilanz) werden die Anfangsbestände im Soll (linke Seite des Kontos) und bei Passivkonten (rechte Seite der Bilanz) im Haben (rechte Seite des Kontos) eingetragen.

Aktivkonto

Soll	Haben
Anfangsbestand	

Passivkonto

Soll	Haben
	Anfangsbestand

Während des Jahres muss das Unternehmen die auftretenden Geschäftsvorfälle auf den verschiedenen Konten erfassen. Da sowohl die Anfangsbestände als auch die Zugänge zu einem Bestand führen, werden die Zugänge immer auf derselben Seite wie der Anfangsbestand eingetragen (gebucht). Abgänge hingegen verringern den Anfangsbestand und sind deshalb auf der entgegengesetzten Seite zu buchen. Durch dieses Prinzip kann der Buchhalter bei seinen Eintragungen auf Plus- und Minuszeichen verzichten.

Aktivkonto

Soll	Haben
Anfangsbestand	Abgänge
Zugänge	

Passivkonto

Soll	Haben
Abgänge	Anfangsbestand
	Zugänge

Zum Ende des Geschäftsjahres wird für jedes Konto der Schlussbestand errechnet. Hierzu ermittelt man die Differenz zwischen der Summe des Kontos im Soll und der Summe des Kontos im Haben. Diese Differenz, **Saldo** genannt, wird immer auf die Kontenseite mit dem kleineren Wert eingetragen, so dass anschließend auf beiden Seiten des Kontos derselbe Wert steht.

Aktivkonto

Soll	Haben
Anfangsbestand	Abgänge
Zugänge	Schlussbestand

Passivkonto

Soll	Haben
Abgänge	Anfangsbestand
Schlussbestand	Zugänge

Hinweise:

- Es bringt überhaupt nichts über die Bedeutung der Begriffe „Soll" und „Haben" nachzudenken. Die beiden Begriffe sind rein historisch bedingt und haben keine inhaltliche Bedeutung. Soll bezeichnet einfach nur die linke und Haben die rechte Seite eines Kontos.
- Sie dürfen bei dem Begriff „Konto" nicht automatisch an das Bankkonto denken. Wie oben dargestellt, ist das Bankkonto nur eines von vielen Konten.

3.3 Buchen auf Bestandskonten

Wir wollen nun das eben gelernte praktisch anwenden. Hierzu gehen wir von denselben Daten (Ausgangsbilanz, Geschäftsvorfälle) wie im Kapitel B 3.1 aus.

Die Bilanz zum Beginn/Ende des Geschäftsjahres wird als **Eröffnungsbilanz/Schlussbilanz** bezeichnet. Die Eröffnungsbilanz eines Jahres entspricht stets der Schlussbilanz des Vorjahres.

Aktiva	Eröffnungsbilanz		Passiva
I Anlagevermögen		**I Eigenkapital**	40.000
Fuhrpark	13.000		
BGA	32.000	**II Fremdkapital**	
II Umlaufvermögen		Darlehen	34.000
Roh-,Hilfs- und Betriebsstoffe	70.000	Verbindlichkeiten a. LL	75.000
Forderungen a. LL	26.000		
Bank	8.000		
	149.000		149.000

Beispiel 1:

Unser Kunde begleicht eine fällige Rechnung in Höhe von 2.000 € durch Banküberweisung.

Sowohl das Bankkonto als auch das Konto Forderungen aus Lieferungen und Leistungen sind Aktivkonten. Aktivkonten werden im Soll eröffnet, der Anfangsbestand (AB) wird also bei beiden Konten im Soll eingetragen.

Die Firma erhält von ihrem Kunden Geld, das Bankkonto nimmt um 2.000 € zu. Zugänge werden immer auf der gleichen Seite gebucht wie der Anfangsbestand, bei einem Aktivkonto folglich im Soll.
Durch die Überweisung erlischt die betreffende Forderung der Firma an den Kunden. Das Konto Forderungen aus Lieferungen und Leistungen verringert sich entsprechend um 2.000 €. Abgänge (Verringerungen) werden immer auf der entgegengesetzten Seite vom Anfangsbestand gebucht, bei einem Aktivkonto also im Haben.

Bei jeder Eintragung im Konto wird vor die Zahl das betreffende Gegenkonto vermerkt. So lässt sich der Vorgang rekonstruieren. Bei diesem Geschäftsvorfall stellt das Konto Forderungen a. LL das Gegenkonto zum Bankkonto dar und umgekehrt.

S	Bank		H
AB	8.000		
Ford. a. LL	**2.000**		

S	Forderungen a. LL		H
AB	26.000	**Bank**	**2.000**

Beispiel 2:

Der Geschäftsführer vereinbart mit unserem Lieferanten, dass kurzfristige Verbindlichkeiten aus Lieferungen und Leistungen in Höhe von 30.000 € in ein langfristiges Darlehen umgewandelt werden.

Sowohl das Darlehenskonto als auch das Konto Verbindlichkeiten aus Lieferungen und Leistungen sind Passivkonten. Passivkonten werden im Haben eröffnet, der Anfangsbestand wird entsprechend bei beiden Konten im Haben eingetragen.

Durch die Umwandlung nimmt das Darlehenskonto zu. Zugänge werden immer auf der gleichen Seite gebucht wie der Anfangsbestand, bei Passivkonten also im Haben.
Das Konto Verbindlichkeiten aus Lieferungen und Leistungen verringert sich hingegen. Abgänge (Verringerungen) werden immer auf der entgegengesetzten Seite vom Anfangsbestand gebucht, bei Passivkonto folglich im Soll.

S	Verbindlichkeiten a. LL		H
Darlehen	**30.000**	AB	75.000

S	Darlehen		H
		AB	34.000
		Verb. a. LL	**30.000**

Beispiel 3:

Wir kaufen einen Firmenwagen für 34.000 €, der Autohändler gewährt uns ein Zahlungsziel von 3 Wochen.

Sowohl der Fuhrpark als auch die Verbindlichkeiten aus Lieferungen und Leistungen nehmen zu. Der Fuhrpark ist ein Aktivkonto, die Verbindlichkeiten aus Lieferungen und Leistungen ein Passivkonto. Der Anfangsbestand steht bei einem Aktivkonto im Soll und bei einem Passivkonto im Haben. Da Zugänge immer auf derselben Seite wie der Anfangsbestand gebucht werden, wird der Zugang beim Aktivkonto Fuhrpark im Soll und beim Passivkonto Verbindlichkeiten aus Lieferungen und Leistungen im Haben gebucht.

S	Fuhrpark		H
AB	13.000		
Verb. a. LL	**34.000**		

S	Verbindlichkeiten a. LL		H
Darlehen	30.000	AB	75.000
		Fuhrpark	**34.000**

Beispiel 4:

Wir überweisen 5.000 € an unseren Lieferanten zum Ausgleich einer fälligen Rechnung.

Sowohl das Bankkonto als auch die Verbindlichkeiten a. LL verringern sich um 5.000 €. Da Abgänge immer auf der entgegengesetzten Seite wie der Anfangsbestand verbucht werden, wird der Abgang beim Aktivkonto Bank im Haben und beim Passivkonto Verbindlichkeiten aus Lieferungen und Leistungen im Soll gebucht.

S	Bank		H
AB	8.000	**Verb. a. LL**	**5.000**
Ford. a. LL	2.000		

S	Verbindlichkeiten a. LL		H
Darlehen	30.000	AB	75.000
Bank	**5.000**	Fuhrpark	34.000

Nachdem sämtliche Geschäftsvorfälle gebucht wurden, müssen nun alle Konten zum Ende des Geschäftsjahres abgeschlossen werden. Die Vorgehensweise ist immer dieselbe und soll anhand der beiden Konten Bank und Verbindlichkeiten a. LL dargestellt werden.

Das Bankkonto weist eine Summe im Soll von 10.000 und im Haben von 5.000 aus. Die Differenz der beiden Summen in Höhe von 5.000 stellt den Schlussbestand (SB) dar; dieser wird stets auf der wertmäßig kleineren Seite eingetragen, in diesem Fall im Haben. Anschließend müssen beide Seiten zwangsläufig denselben Wert aufweisen. Zur Kontrolle wird deshalb nochmals auf beiden Seiten des Kontos die Kontrollsumme gebildet und eingetragen. Stimmen die Summen nicht überein, wurde der Saldo falsch errechnet.

Das Konto Verbindlichkeiten a. LL weist eine Summe im Soll von 35.000 und im Haben von 109.000 aus. Der Saldo in Höhe von 74.000 wird wieder auf der kleineren Seite eingetragen; dies ist diesmal jedoch die Soll-Seite. Zum Schluss werden im Soll und im Haben die Kontrollsummen (109.000) ermittelt und verglichen.

S	Bank		H
AB	8.000	Verb. a. LL	5.000
Ford. a. LL	2.000	**SB**	**5.000**
	10.000		10.000

S	Verbindlichkeiten a. LL		H
Darlehen	30.000	AB	75.000
Bank	5.000	Fuhrpark	34.000
SB	**74.000**		
	109.000		109.000

Auf die gleiche Weise sind auch alle anderen Konten abzuschließen. Bei den ersten 4 Konten handelt es sich um Aktivkonten, hier steht der Schlussbestand im Haben. Danach folgen 2 Passivkonten, hier wird der Schlussbestand im Soll ausgewiesen.

S	Fuhrpark		H
AB	13.000	**SB**	**47.000**
Verb. a. LL	34.000		
	47.000		47.000

S	Forderungen a. LL		H
AB	26.000	Bank	2.000
		SB	**24.000**
	26.000		26.000

S	BGA		H
AB	32.000	**SB**	**32.000**

S	Roh, Hilfs- und Betriebsstoffe		H
AB	70.000	**SB**	**70.000**

S	Eigenkapital		H
SB	**40.000**	AB	40.000

S	Darlehen		H
SB	**64.000**	AB	34.000
		Verb. a. LL	30.000
	64.000		64.000

Anmerkung:

Die Darstellung der Konten (siehe oben) ähnelt dem Buchstaben T, deshalb spricht man auch von T-Konten. In einer modernen EDV-Buchhaltung sehen die Konten zwar etwas anders aus, an der Unterscheidung zwischen Soll und Haben und den Buchungsregeln hat sich jedoch nichts geändert.

Aus den Schlussbeständen der Konten lässt sich nun im Prinzip die Schlussbilanz ableiten. Da es während des Jahres zu Buchungsfehlern gekommen sein kann, werden die Schlussbestände der Konten (Sollbestände) vorher mit den durch die Inventur ermittelten tatsächlich vorhandenen Beständen (Istbeständen) verglichen. Bei Abweichungen müssen die Konten entsprechend korrigiert werden.

Vereinfachend gehen wir im Folgenden stets davon aus, dass es zu keinen Fehlbuchungen kam, so dass die Schlussbestände der Konten unverändert in die Schlussbilanz übernommen werden können.

Aktiva	**Schlussbilanz**		**Passiva**
I Anlagevermögen		**I Eigenkapital**	40.000
Fuhrpark	47.000		
BGA	32.000	**II Fremdkapital**	
II Umlaufvermögen		Darlehen	64.000
Roh-,Hilfs- und Betriebsstoffe	70.000	Verbindlichkeiten a. LL	74.000
Forderungen a. LL	24.000		
Bank	5.000		
	178.000		**178.000**

Nachdem alle Schlussbestände der Konten in die Schlussbilanz eingetragen wurden, wird zu Kontrollzwecken sowohl auf der Aktivseite als auch auf der Passivseite der Bilanz die Summe gebildet.

Wenn Sie sich alle oben durchgeführten Buchungen noch einmal anschauen, werden Sie feststellen, dass jeder Buchung im Soll eine gleich hohe Habenbuchung auf einem anderen Konto gegenüberstand. Durch dieses Prinzip der doppelten Buchführung muss die Bilanzsumme auf beiden Seiten immer gleich hoch sein. Ist dies nicht der Fall, müssen die Buchungsfehler gesucht und beseitigt werden. Bei unserer Schlussbilanz ist alles in Ordnung, sie weist auf beiden Seiten eine Bilanzsumme von 178.000 aus.

3.4 Der Buchungssatz

Alle Buchungen müssen lückenlos nachvollziehbar sein, z.B. für den Betriebsprüfer des Finanzamtes. Ausgangspunkt jeder Buchung ist deshalb ein Beleg, der zuerst mit einem Buchungsstempel versehen wird. Hier trägt der Buchhalter ein, auf welchen Konten (welcher Betrag) jeweils im Soll und im Haben gebucht werden muss. Diesen Vorgang nennt man Vorkontierung. Nach erfolgter Buchung trägt der Buchhalter im Buchungsstempel das Buchungsdatum und die Journalseite (die Seite im Grundbuch, auf der gebucht wurde) ein; zum Schluss bestätigt er mit seinem Namenskürzel die Buchung.

Das folgende Beispiel zeigt den ausgefüllten Buchungsstempel, wenn ein Kunde den fälligen Rechnungsbetrag auf unser Geschäftskonto überweist:

Konto	Soll	Haben
Bank	*2.000,00*	
Forderungen a. LL		*2.000,00*
Gebucht: *15.07.20.. / J138 F. S.*		

Jede Buchung wird in mindestens zwei Büchern eingetragen. Der Begriff „Bücher“ stammt aus der traditionellen Buchhaltung, wird aber immer noch verwendet, jetzt eben für die EDV-Protokolle der Buchhaltung.

Das **Grundbuch**, auch **Journal** genannt, erfasst alle Geschäftsvorfälle in chronologischer (zeitlicher) Reihenfolge mit folgenden Angaben:

Grundbuch					
Datum	Beleg	Buchungstext	Buchungssatz	Soll	Haben
...	...	...	...	...	...
15.07.20..	BA 023	Überweisung unseres Kunden Office GmbH	Bank an Forderungen a. LL	2.000,00	2.000,00
...	...	...	...	...	...

Damit die Buchung nachvollziehbar ist, wird auch der zugrunde liegende Beleg angegeben; hier ist es der Bankauszug (BA) Nr. 023.

Nach der Erfassung im Grundbuch sind die Geschäftsvorfälle im Hauptbuch zu buchen. Es ist das wichtigste Buch der Buchführung (deshalb die Bezeichnung Hauptbuch) und erfasst die Geschäftsvorfälle in sachlicher Ordnung auf den verschiedenen Sachkonten, die wir bereits im vorherigen Kapitel kennengelernt haben.

Der im Grundbuch vermerkte **Buchungssatz** gibt an, wie im Hauptbuch zu buchen ist. Er ist nichts anderes als eine kurz gefasste Buchungsanweisung. Die Grundform eines Buchungssatzes lautet immer „**Soll an Haben**“. Das bedeutet: Zuerst wird das Konto aufgeführt, auf dem im Soll gebucht wird, dann folgt das Wort „an“ als Trennwort, danach das Konto mit der Habenbuchung. Bei einfachen Buchungssätzen mit nur 2 Konten reicht es aus, wenn der Betrag nur einmal am Ende steht.

Der Buchungssatz „Bank an Forderungen a. LL 2.000“ bedeutet also, dass auf dem Bankkonto im Soll und auf dem Konto Forderungen a. LL im Haben jeweils 2.000 € gebucht werden.

S	Bank		H
Ford. a. LL	2.000		

S	Forderungen a. LL		H
		Bank	2.000

Hinweise:

- Bei dem zugrunde liegenden Geschäftsvorfall handelt es sich um das Beispiel 1 aus dem vorherigen Kapitel. Dort können Sie nochmals nachlesen, warum beim Bankkonto im Soll und beim Konto Forderungen a. LL im Haben gebucht wird.
- Das Wort „an“ dient lediglich als Trennwort und hat ansonsten keine inhaltliche Bedeutung, zur Trennung hätte man genauso gut einen Schrägstrich verwenden können.

Übung:

Bilden Sie nun auch für die Beispiele 2 bis 4 (aus Kapitel B 3.3) die Buchungssätze. Bei diesen Beispielen handelt es sich ausschließlich um einfache Buchungssätze. Zusammengesetzte Buchungssätze mit mehr als 2 Konten werden wir im Kapitel B 4 im Zusammenhang mit der Umsatzsteuer besprechen.

Hinweise:

- Auch wenn in einer Klausur nur die Buchungssätze verlangt werden, sollten Sie trotzdem erst einmal die Konten zeichnen, darin die Buchungen vornehmen und daraus dann die Buchungssätze ableiten. Diese Reihenfolge ist für Anfänger i. d. R. wesentlich leichter als die Vorgehensweise in der Praxis. In der Praxis werden (wie oben beschrieben) erst die Buchungssätze im Grundbuch eingetragen und dann die entsprechenden Buchungen in den Konten vorgenommen.
- Sollten Sie die Eintragungen in den Konten nicht nachvollziehen können, lesen Sie bitte nochmals Kapitel B 3.3; hier wurden die Eintragungen (Buchungen) ausführlich besprochen.
- Aus Gründen der Übersichtlichkeit beinhalten die folgenden Konten nur die Buchungen des betreffenden Geschäftsvorfalles.

Beispiel 2:

Der Geschäftsführer vereinbart mit unserem Lieferanten, dass kurzfristige Verbindlichkeiten aus Lieferungen und Leistungen in Höhe von 30.000 € in ein langfristiges Darlehen umgewandelt werden.

S	Verbindlichkeiten a. LL		H
Darlehen	30.000		

S	Darlehen		H
		Verb. a. LL	30.000

Buchungssatz: Verbindlichkeiten a. LL an Darlehen 30.000

Erklärung:

Zuerst wird das Konto genannt, bei dem im Soll gebucht wird. Dies ist das Konto „Verbindlichkeiten a. LL". Es folgt das Wort „an" als Trennwort. Danach kommt das Konto, bei dem im Haben gebucht wird, in diesem Fall das Konto „Darlehen".

Beispiel 3:

Wir kaufen einen Firmenwagen für 34.000 € auf Ziel.

S	Fuhrpark		H
Verb. a. LL	34.000		

S	Verbindlichkeiten a. LL		H
		Fuhrpark	34.000

Buchungssatz: Fuhrpark an Verbindlichkeiten a. LL 34.000

Beispiel 4:

Wir überweisen 5.000 € an unseren Lieferanten zum Ausgleich einer fälligen Rechnung.

S	Bank		H
		Verb. a. LL	5.000

S	Verbindlichkeiten a. LL		H
Bank	5.000		

Buchungssatz: Verbindlichkeiten a. LL an Bank 5.000

3.5 Eröffnungsbilanzkonto und Schlussbilanzkonto

Jeder Buchung im Soll muss eine Buchung im Haben gegenüberstehen. Bisher haben wir die Anfangs- und Schlussbestände jedoch ohne die Nennung eines Gegenkontos einfach nur auf dem Konto eingetragen. Damit wir die Anfangs- und Schlussbestände korrekt buchen können, benötigen wir zwei Hilfskonten: das **Eröffnungsbilanzkonto (EBK)** und das **Schlussbilanzkonto (SBK)**.

Zum 01.01.2014 liegt uns folgende (verkürzt dargestellte) Eröffnungsbilanz vor, die der Schlussbilanz zum 31.12.2013 entspricht:

Aktiva	Eröffnungsbilanz		Passiva
BGA	47.000	Eigenkapital	20.000
Bank	18.000	Verbindlichkeiten a. LL	45.000
	65.000		65.000

Zum Jahresbeginn müssen nun erst einmal alle Konten eröffnet werden. Beginnen wir mit dem Konto Betriebs- und Geschäftsausstattung (BGA).
Das Konto BGA wird wie alle Aktivkonten im Soll eröffnet. Im Gegensatz zu vorher tragen wir vor die Zahl nicht mehr AB für Anfangsbestand ein, sondern buchhalterisch korrekt das Gegenkonto, also EBK. Da jeder Soll-Buchung eine Buchung im Haben gegenüber stehen muss, wird im Eröffnungsbilanzkonto im Haben gebucht. Auch im Eröffnungsbilanzkonto wird vor die eingetragene Zahl das Gegenkonto vermerkt, in diesem Fall BGA.

S	BGA		H
EBK	47.000		

S	Eröffnungsbilanzkonto		H
		BGA	47.000

Buchungssatz: BGA an Eröffnungsbilanzkonto (EBK) 47.000

Auf dieselbe Weise wird auch das zweite Aktivkonto Bank eröffnet.

S	Bank		H
EBK	**18.000**		

S	Eröffnungsbilanzkonto		H
		BGA	47.000
		Bank	**18.000**

Buchungssatz: Bank an EBK 18.000

Nun müssen wir noch alle Passivkonten eröffnen. Beginnen wir mit dem Eigenkapitalkonto. Passivkonten werden im Haben eröffnet. Die Gegenbuchung im Eröffnungsbilanzkonto muss folglich im Soll erfolgen.

S	Eigenkapital		H
		EBK	**20.000**

S	Eröffnungsbilanzkonto		H
Eigenkapital	**20.000**	BGA	47.000
		Bank	18.000

Buchungssatz: EBK an Eigenkapital 20.000

Das zweite Passivkonto Verbindlichkeiten a. LL wird in gleicher Weise eröffnet.

S	Verbindlichkeiten a. LL		H
		EBK	**45.000**

S	Eröffnungsbilanzkonto		H
Eigenkapital	20.000	BGA	47.000
Verb. a. LL	**45.000**	Bank	18.000
	65.000		65.000

Buchungssatz: EBK an Verbindlichkeiten a. LL 45.000

Das Eröffnungsbilanzkonto ist das genaue Spiegelbild der Eröffnungsbilanz, da es bei der Eröffnung der Bestandskonten immer die Gegenbuchungen aufnimmt. Wurden alle Bestandskonten korrekt eröffnet, muss das Eröffnungsbilanzkonto im Soll und im Haben dieselben Summen aufweisen.

Nach der Konteneröffnung sind während des Jahres die laufenden Geschäftsvorfälle zu buchen. Wir beschränken uns hier auf zwei Geschäftsvorfälle:

1. Geschäftsvorfall: Wir kaufen Bürotische für 600 € auf Ziel.

Sowohl das Konto BGA als auch das Konto Verbindlichkeiten a. LL nehmen zu. Zugänge werden bei Aktivkonten (BGA) im Soll und bei Passivkonten (Verbindlichkeiten a. LL) im Haben gebucht.

S	BGA		H
EBK	47.000		
Verb. a. LL	**600**		

S	Verbindlichkeiten a. LL		H
		EBK	45.000
		BGA	**600**

Buchungssatz: BGA an Verbindlichkeiten a. LL 600

2. Geschäftsvorfall:

Wir überweisen eine fällige Rechnung über 2.000 € an unseren Lieferanten.

Sowohl das Bankkonto als auch das Konto Verbindlichkeiten a. LL nehmen ab. Abgänge werden bei Aktivkonten (Bank) im Haben und bei Passivkonten (Verbindlichkeiten a. LL) im Soll gebucht.

S	Bank		H
EBK	18.000	**Verb. a. LL**	**2.000**

S	Verbindlichkeiten a. LL		H
Bank	**2.000**	EBK	45.000
		BGA	600

Buchungssatz: Verbindlichkeiten a. LL an Bank 2.000

Zum Ende des Geschäftsjahres werden die Konten abgeschlossen. Beginnen wir wieder mit dem Konto Betriebs- und Geschäftsausstattung.

Vor die Zahl tragen wir nicht mehr wie vorher SB für Schlussbestand ein, sondern das Gegenkonto SBK. Da der Saldo im Konto BGA im Haben steht, muss im Gegenkonto SBK die Buchung im Soll erfolgen. Auch im Schlussbilanzkonto wird vor die eingetragene Zahl das Gegenkonto vermerkt, also BGA.

S	BGA		H
EBK	47.000	**SBK**	**47.600**
Verb. a. LL	600		
	47.600		47.600

Buchungssatz: SBK an BGA 47.600

Wenn wir mit allen anderen Konten gleichermaßen verfahren, sieht das Schlussbilanzkonto wie folgt aus:

S	Schlussbilanzkonto		H
BGA	47.600	Eigenkapital	20.000
Bank	16.000	Verb. a. LL	43.600
	63.600		63.600

Auch im Schlussbilanzkonto werden am Ende die Kontrollsummen gebildet. Wurde fehlerfrei gebucht, müssen die Summen im Soll und im Haben übereinstimmen.

3.6 Buchen auf Erfolgskonten

3.6.1 Grundbegriffe des Finanz- und Rechnungswesens

Da die Finanzwirtschaft, die Finanzbuchhaltung und die Kosten- und Leistungsrechnung unterschiedliche Aufgaben haben, müssen sie auch mit unterschiedlichen Begriffen und Werten arbeiten.

Auszahlungen verringern den Zahlungsmittelbestand (Kasse, Bankguthaben), z.B. Überweisung an unseren Lieferanten.
Einzahlungen erhöhen den Zahlungsmittelbestand, z.B. Barverkauf von Waren.

Der Zahlungsmittelbestand plus Forderungen minus Verbindlichkeiten stellt das Geldvermögen dar. **Ausgaben** führen zu einer Verringerung und **Einnahmen** zu einer Erhöhung des Geldvermögens.

Die folgenden Beispiele machen die Unterschiede zwischen den Ein- und Auszahlungen einerseits und den Einnahmen und Ausgaben andererseits deutlich:

- Kaufen wir Ware auf Ziel ein, verringern die Verbindlichkeiten gegenüber dem Lieferanten das Geldvermögen, es liegt eine Ausgabe vor. Erst mit der Überweisung des fälligen Rechnungsbetrages an unseren Lieferanten kommt es zu einer Auszahlung.
- Der Barkauf von Ware stellt hingegen gleichzeitig eine Auszahlung und eine Ausgabe dar.
- Bei einem Zielverkauf von Waren erhöhen sich unsere Forderungen, der Zahlungsmittelbestand bleibt jedoch unberührt; folglich liegt eine Einnahme jedoch keine Einzahlung vor.

Die Aus- und Einzahlungen oder Ausgaben und Einnahmen werden insbesondere für die Finanz- und Liquiditätsplanung benötigt.

Um den Unternehmenserfolg ermitteln zu können, benötigt die Finanzbuchhaltung alle Aufwendungen und Erträge des Geschäftsjahres.

Unter **Aufwand** versteht man den Wert der verbrauchten Güter und Dienstleistungen einer Periode.

Beispiele:

- Verbrauch von Strom, Heizöl, Roh-, Hilfs- und Betriebsstoffen etc.,
- Lohn- und Gehaltszahlungen an die Mitarbeiter für ihre Arbeitsleistung,
- wir bezahlen einen Handwerker für eine durchgeführte Reparatur, unseren Rechtsanwalt für seine Rechtsberatung usw.,
- unser abnutzbares Anlagevermögen (Maschinen, Fuhrpark, Büroausstattung etc.) verliert durch die Nutzung an Wert.

Erträge erfassen den Wert der erbrachten Leistungen einer Periode; sie führen zu einem erfolgswirksamen Wertezufluss.

Beispiele:

- Umsatzerlöse für unsere verkauften Produkte,
- Zinsgutschrift unserer Bank,
- produzierte, aber noch nicht verkaufte Produkte (Bestandserhöhungen),
- ein Büromöbelhersteller stattet seine Geschäftsräume mit selbsthergestellten Büromöbeln aus (aktivierte Eigenleistungen).

Zum Abschluss sollen konkrete Beispiele nochmals den Unterschied zwischen allen besprochenen Begriffen verdeutlichen:

- Gehaltsüberweisungen für den laufenden Monat stellen gleichzeitig eine Auszahlung, eine Ausgabe und einen Aufwand dar.
- Werden Rohstoffe auf Ziel gekauft, liegt zunächst nur eine Ausgabe vor. Wird die Rechnung bezahlt, erfolgt die Auszahlung. Erst mit dem Verbrauch der Rohstoffe kommt es zu einem Aufwand.
- Der Zielverkauf von Waren stellt sowohl eine Einnahme als auch einen Ertrag dar, jedoch keine Einzahlung.

Die Begriffe **Kosten** und **Leistungen** werden im Kapitel C ausführlich erläutert.

3.6.2 Buchung der Aufwendungen und Erträge

Das Eigenkapitalkonto blieb bis jetzt stets unverändert. Dies lag daran, dass alle bisher gebuchten Geschäftsvorfälle sich nicht auf den Unternehmenserfolg ausgewirkt haben. In diesem Kapitel geht es um die Buchung der erfolgswirksamen Geschäftsvorfälle. Der Begriff Erfolg wird in der Buchhaltung als Oberbegriff für Gewinn und Verlust verwendet.

Aufwendungen stellen einen erfolgswirksamen Werteverzehr und Erträge einen erfolgswirksamen Wertezufluss dar (s. o.). Sind die Erträge höher als die Aufwendungen, erwirtschaftet das Unternehmen einen Gewinn, im umgekehrten Fall einen Verlust. Gewinne und Verluste verändern das Eigenkapital des Unternehmens. Die **Erfolgskonten** (Aufwands- und Ertragskonten) stellen deshalb Unterkonten zum Eigenkapitalkonto dar. Zugänge (Erhöhungen) werden beim Eigenkapitalkonto wie bei allen Passivkonten im Haben und Abgänge (Verringerungen) im Soll gebucht. Entsprechend werden auch alle Aufwendungen im Soll gebucht, da sie das Eigenkapital verringern. Umgekehrt erhöhen Erträge das Eigenkapital und werden deshalb im Haben gebucht.

Beispiele:

1. Geschäftsvorfall: Wir verbrauchen Rohstoffe im Wert von 2.400 €.

Der Verbrauch der Rohstoffe stellt einen Aufwand dar und wird wie jeder Aufwand im Soll gebucht. Gleichzeitig führt der Rohstoffverbrauch zu einer Verringerung des Rohstoffbestandes. Das Bestandskonto Rohstoffe ist ein Aktivkonto, hier wird die Verringerung im Haben gebucht.

Hinweis:

In diesem Fall gehen wir davon aus, dass zum Jahresanfang ein Rohstoffbestand im Wert von 38.000 € vorhanden war (gebucht über das Eröffnungsbilanzkonto) und bisher keine weiteren Zugänge erfolgten.

S	Rohstoffe		H
EBK	38.000	**A. f. Rohstoffe**	**2.400**

S	Aufwendungen für Rohstoffe		H
Rohstoffe	**2.400**		

Buchungssatz: Aufwendungen für Rohstoffe an Rohstoffe 2.400

2. Geschäftsvorfall: Wir erhalten von unserer Bank eine Zinsgutschrift in Höhe von 100 €.

Wie alle Erträge werden auch die Zinserträge im Haben gebucht. Auf dem Aktivkonto Bank wird der Zugang im Soll gebucht.

S	Bank		H
EBK	4.800		
Zinserträge	**100**		

S	Zinserträge		H
		Bank	**100**

Buchungssatz: Bank an Zinserträge 100

Merke: Alle Aufwendungen werden im Soll und alle Erträge im Haben gebucht!

3.6.3 Das Gewinn- und Verlustkonto

Unternehmen wollen auf einen Blick erkennen, wie hoch im abgeschlossenen Geschäftsjahr der Erfolg war und wie dieser zustande kam. Deshalb werden alle Erfolgskonten erst einmal über das **Gewinn- und Verlustkonto (GuV-Konto)** und dieses dann über das Eigenkapitalkonto abgeschlossen.

Beispiel 1:

S	Aufwendungen für Rohstoffe		H
Rohstoffe	2.400	GuV	2.400

S	Zinserträge		H
GuV	100	Bank	100

Der Abschluss erfolgt nach demselben Schema wie bei den Bestandskonten. Der Saldo, also die Differenz zwischen den Beträgen im Soll und im Haben, wird auf die kleinere Seite eingetragen. Vor dem Betrag steht immer das Gegenkonto, hier also das GuV-Konto. Beim Aufwandskonto steht der Saldo im Haben, die Gegenbuchung auf dem GuV-Konto muss folglich im Soll erfolgen; beim Ertragskonto ist es genau umgekehrt.

Die Buchungssätze lauten:

GuV an Aufwendungen für Rohstoffe 2.400
Zinserträge an GuV 100

S	GuV-Konto		H
A. f. Rohstoffe	2.400	Zinserträge	100
		Eigenkapital	**2.300**
	2.400		2.400

S	Eigenkapitalkonto		H
GuV	**2.300**	EBK	320.000
SBK	317.700		
	320.000		320.000

Das GuV-Konto weist einen Habensaldo auf, die Gegenbuchung auf dem Eigenkapitalkonto erfolgt entsprechend im Soll. In unserem Beispiel sind die Aufwendungen höher als die Erträge, es liegt folglich ein Verlust in Höhe von 2.300 € vor. Verluste verringern das Eigenkapital und müssen entsprechend im Soll gebucht werden. Die Buchung ist also inhaltlich korrekt.

Buchungssatz: Eigenkapital an GuV-Konto 2.300

Das Eigenkapitalkonto wird wie alle Bestandskonten über das Eröffnungsbilanzkonto eröffnet und über das Schlussbilanzkonto abgeschlossen.

Beispiel 2:

Erweitern wir nun das erste Beispiel um zwei zusätzliche Erfolgskonten:

S	Aufwendungen für Rohstoffe		H
Rohstoffe	2.400	GuV	2.400

S	Zinserträge		H
GuV	100	Bank	100

S	Löhne		H
Bank	28.000	GuV	28.000

S	Mieterträge		H
GuV	36.000	Bank	36.000

S	GuV-Konto		H
A. f. Rohstoffe	2.400	Zinserträge	100
Löhne	28.000	Mieterträge	36.000
EK	**5.700**		
	36.100		36.100

S	Eigenkapitalkonto		H
SBK	325.700	EBK	320.000
		GuV	**5.700**
	325.700		325.700

In diesem Fall sind die Erträge höher als die Aufwendungen; der Saldo in Höhe von 5.700 € stellt also einen Gewinn dar, der das Eigenkapital erhöht.

Buchungssatz: GuV-Konto an Eigenkapital 5.700

4 Umsatzsteuer (Mehrwertsteuer)

4.1 Wesen der Umsatzsteuer

Mit Umsatzsteuer belastet werden insbesondere

- alle von Unternehmen im Inland gegen Entgelt erbrachten Leistungen (z. B. der Verkauf von Handelswaren oder fertigen Erzeugnissen; Dienstleistungen wie Reparaturen, Rechtsberatung, Transport etc.),
- der Import von Gütern aus Nicht-EU-Mitgliedsstaaten,
- der Erwerb von Gütern aus EU-Mitgliedsstaaten gegen Entgelt,
- die Entnahme betrieblicher Gegenstände für private Zwecke.

Grundlage der Besteuerung ist der steuerpflichtige Umsatz bzw. das Nettoentgelt. Der Regelsteuersatz beträgt 19 %. Daneben gibt es den ermäßigten Steuersatz von 7 %, z. B. auf unbehandelte Lebensmittel. Einige Leistungen, wie beispielsweise die Leistungen von Ärzten und Privatschulen, sind ganz von der Umsatzsteuer befreit.

Sobald ein Unternehmer eine Ausgangsrechnung schreibt, muss er zusätzlich zum Nettoentgelt die Umsatzsteuer ausweisen. Er kassiert vom Käufer den Bruttobetrag (Nettobetrag plus Umsatzsteuer) und führt die Umsatzsteuer an das Finanzamt ab. Obwohl der Verkäufer die Umsatzsteuer an das Finanzamt abführen muss, wird also der Käufer durch die Umsatzsteuer belastet, da er diese im Kaufpreis mitbezahlt hat.

Der Verkäufer muss in seiner Rechnung die Umsatzsteuer ausweisen, egal, ob sein Kunde eine Privatperson oder ein Unternehmer ist. Nach dem Willen des Gesetzgebers soll die Umsatzsteuer jedoch nur den privaten Endverbraucher belasten und nicht die Unternehmen. Deshalb erhalten Unternehmen die von ihnen selbst bezahlte Umsatzsteuer vom Finanzamt erstattet.

Zur besseren Übersicht führen Unternehmen für die Umsatzsteuer 2 Konten:

- Erhält ein Unternehmen (z. B. von seinem Lieferanten) eine Eingangsrechnung, so bucht es die darin enthaltene Umsatzsteuer auf dem Konto „**Vorsteuer**". Gegenüber dem Finanzamt ist die Vorsteuer eine Forderung (Anspruch auf Erstattung).
- Die Umsatzsteuer, die ein Unternehmen (z. B. beim Verkauf seiner Produkte) in seinen Ausgangsrechnungen ausweist, bucht es auf dem Konto „**Umsatzsteuer**". Die vom Kunden kassierte Umsatzsteuer muss das Unternehmen an das Finanzamt abführen. Gegenüber dem Finanzamt stellt die Umsatzsteuer folglich eine Verbindlichkeit dar.

Damit nicht unnötig Geld hin und her überwiesen wird, werden Vorsteuer und Umsatzsteuer miteinander verrechnet und nur die Differenz wird vom Unternehmen an das Finanzamt überwiesen (falls die Umsatzsteuer größer ist als die Vorsteuer) oder vom Finanzamt erstattet (falls die Vorsteuer größer ist als die Umsatzsteuer).

Die folgende Tabelle soll diese Vorgehensweise nochmals verdeutlichen:

Hersteller		führt an das Finanzamt ab
verkauft an ↓	Nettoverkaufspreis 100 € USt 19 € Bruttoverkaufspreis 119 €	19 €
Großhändler		
verkauft an ↓	Nettoverkaufspreis 200 € USt 38 € Bruttoverkaufspreis 238 €	38 - 19 = 19 €
Einzelhändler		
verkauft an ↓	Nettoverkaufspreis 400 € USt 76 € Bruttoverkaufspreis 476 €	76 - 38 = 38 €
Endverbraucher		

Der Hersteller führt genau die 19 € Umsatzsteuer (USt) an das Finanzamt ab, die er vorher vom Großhändler kassiert hat.
Der Großhändler muss grundsätzlich die vom Einzelhändler kassierten 38 € Umsatzsteuer an das Finanzamt abführen. Er darf jedoch die an den Hersteller bezahlte Vorsteuer in Höhe von 19 € mit seiner Umsatzsteuerschuld verrechnen und überweist nur 19 €. Damit hat er 19 € Vorsteuer an den Hersteller bezahlt und 19 € an das Finanzamt überwiesen, zusammen also genau so viel, wie er an Umsatzsteuer vom Einzelhändler erhalten hat.
Die Beispiele zeigen, dass Unternehmen durch die Umsatzsteuer weder einen Vorteil noch einen Nachteil haben. Die 76 € (19 € + 19 € +38 €), die insgesamt an das Finanzamt abgeführt wurden, hat allein der Endverbraucher bezahlt. Die Umsatzsteuer verursacht den Unternehmen folglich keine Kosten, sondern ist für sie lediglich ein „**durchlaufender Posten**", der Stufe für Stufe an den Endverbraucher weitergegeben wird.

Betrachten wir noch einmal den Einzelhändler. Er kauft Ware für 200 € netto ein und verkauft diese weiter für 400 € netto. Der vom Einzelhändler geschaffene Mehrwert beträgt somit 200 € (400 € - 200 €). Berechnet man 19 % vom geschaffenen Mehrwert, ergeben sich 38 € (19 % • 200 €). Dies entspricht genau der Umsatzsteuer, die der Einzelhändler an das Finanzamt abführen muss. Die Umsatzsteuer wird deshalb häufig auch als Mehrwertsteuer (MwSt.) bezeichnet.

4.2 Buchung der Umsatzsteuer

Buchung im Einkauf

Die in der Eingangsrechnung enthaltene und an den Verkäufer zu zahlende Umsatzsteuer wird Vorsteuer genannt. Da das Unternehmen die Vorsteuer vom Finanzamt erstattet bekommt, stellt die Vorsteuer gegenüber dem Finanzamt eine Forderung dar. Das Vorsteuerkonto ist damit genauso wie das Konto Forderungen a. LL ein Aktivkonto, bei dem Zugänge im Soll gebucht werden.

Beispiel:

Unser Unternehmen hat Bürotische gekauft und erhält von unserem Lieferanten folgende Rechnung:

Eingangsrechnung für Bürotische	
Nettorechnungsbetrag	200,00 €
+ 19 % MwSt	38,00 €
Bruttorechnungsbetrag	238,00 €

Der Bürotisch gehört zum Konto Betriebs- und Geschäftsausstattung (BGA). BGA und Vorsteuer sind beides Aktivkonten, die Zugänge werden folglich im Soll gebucht. Da das Unternehmen die Vorsteuer vom Finanzamt erstattet bekommt, kostet der Bürotisch das Unternehmen letztendlich nur 200 €. Entsprechend wird auf dem BGA-Konto auch nur der Nettobetrag gebucht. Dem Verkäufer schuldet das Unternehmen hingegen den Gesamtbetrag. Auf dem Passivkonto Verbindlichkeiten a. LL wird deshalb als Zugang der Bruttobetrag im Haben gebucht.

Damit ergeben sich folgende Buchungen:

S	BGA		H
Verb. a. LL	200		

S	Verbindlichkeiten a. LL		H
		BGA/ VSt	238

S	Vorsteuer (VSt)		H
Verb. a. LL	38		

Da der Geschäftsvorfall mehr als 2 Konten berührt, liegt hier zum ersten Mal ein zusammengesetzter Buchungssatz vor. Am Grundprinzip ändert sich dadurch jedoch nichts. Zuerst werden die Konten aufgeführt, auf denen im Soll gebucht wird, dann folgt das Wort „an" als Trennwort, danach die Konten mit der Habenbuchung. Im Gegensatz zu den einfachen Buchungssätzen muss jetzt jedoch hinter jedem Konto der betreffende Betrag stehen.

Der Buchungssatz für unser Beispiel lautet:

BGA 200
Vorsteuer 38 an Verbindlichkeiten a. LL 238

Kontrolle:

Der Buchungssatz kann nur dann richtig sein, wenn der Wert aller Buchungen im Soll dem Wert aller Buchungen im Haben entspricht. Dies ist hier der Fall, denn im Soll wurden 200 + 38 = 238 gebucht und genauso viel im Haben.

Buchung im Verkauf

Unternehmen müssen in ihren Ausgangsrechnungen zusätzlich zum Nettobetrag auch die Umsatzsteuer ausweisen. Die noch nicht an das Finanzamt abgeführte Umsatzsteuer stellt eine Verbindlichkeit des Unternehmens gegenüber dem Finanzamt dar. Das Umsatzsteuerkonto ist damit genauso wie das Konto Verbindlichkeiten a. LL ein Passivkonto, auf dem Zugänge im Haben gebucht werden.

Beispiel:

Unsere Firma hat fertige Erzeugnisse verkauft und sendet dem Käufer folgende Rechnung:

Ausgangsrechnung für fertige Erzeugnisse	
Nettorechnungsbetrag	500,00 €
+ 19 % MwSt	95,00 €
Bruttorechnungsbetrag	595,00 €

Da der Kunde unserem Unternehmen den Gesamtbetrag schuldet, wird auf dem Aktivkonto Forderungen a. LL der Bruttobetrag als Zugang im Soll gebucht. Die ausgewiesene Umsatzsteuer muss das Unternehmen an das Finanzamt abführen. Entsprechend verbleibt dem Unternehmen als Ertrag nur der Nettobetrag in Höhe von 500 €. Dieser wird auf dem Ertragskonto Umsatzerlöse für eigene Erzeugnisse (wie jeder Ertrag) im Haben gebucht. Auf dem Passivkonto Umsatzsteuer wird die zusätzliche Schuld gegenüber dem Finanzamt im Haben gebucht. Damit ergeben sich folgende Buchungen:

S	Forderungen a. LL		H
U.-Erlöse/ USt	595		

S	Umsatzerlöse für eigene Erzeugnisse		H
		Ford. a. LL	500

S	Umsatzsteuer		H
		Ford. a. LL	95

Der Buchungssatz hierzu lautet:

Forderungen a. LL	595	an	Umsatzerlöse für eigene Erzeugnisse	500
			Umsatzsteuer	95

Vorsteuerabzug und Ermittlung der Zahllast

Jeweils zum Monatsende werden die beiden Konten Vorsteuer und Umsatzsteuer miteinander verrechnet. In den meisten Fällen wird die im Monat gebuchte Umsatzsteuer wertmäßig höher sein als die gebuchte Vorsteuer. In diesem Fall stellt der Differenzbetrag eine Umsatzsteuerschuld, Zahllast genannt, dar. Die Unternehmen müssen bis zum 10. des Folgemonats die Umsatzsteuervoranmeldung beim Finanzamt einreichen. Spätestens 3 Tage später muss dann die Zahlung beim Finanzamt eingehen.

Schauen wir uns diesen Fall anhand der oberen Beispiele an. Das Unternehmen hat im abgelaufenen Monat 38 € Vorsteuer und 95 € Umsatzsteuer gebucht:

S	Vorsteuer (VSt)		H
Verb. a. LL	38		

S	Umsatzsteuer		H
		Ford. a. LL	95

Die beiden Konten Vorsteuer und Umsatzsteuer werden immer so miteinander verrechnet, dass anschließend das wertmäßig kleinere Konto (hier das Vorsteuersteuerkonto) ausgeglichen ist:

S	Vorsteuer (VSt)		H
Verb. a. LL	38	**Umsatzsteuer**	**38**

S	Umsatzsteuer		H
Vorsteuer	**38**	Ford. a. LL	95

Buchungssatz: Umsatzsteuer an Vorsteuer 38

Der so auf dem Umsatzsteuerkonto entstehende Saldo entspricht der Zahllast, die an das Finanzamt überwiesen werden muss:

S	Bank		H
		Umsatzsteuer	**57**

S	Umsatzsteuer		H
Vorsteuer	38	Ford. a. LL	95
Bank	**57**		
	95		95

Buchungssatz: Umsatzsteuer an Bank 57

Im folgenden Beispiel gehen wir vom umgekehrten Fall aus; die im abgelaufenen Monat gebuchte Vorsteuer ist jetzt höher als die ausgewiesene Umsatzsteuer:

S	Vorsteuer (VSt)		H
Verb. a. LL	500		

S	Umsatzsteuer		H
		Ford. a. LL	350

In diesem Fall ist das Umsatzsteuerkonto das wertmäßig kleinere Konto und muss durch die Verrechnung der Konten ausgeglichen werden:

S	Vorsteuer (VSt)		H
Verb. a. LL	500	**Umsatzsteuer**	**350**

S	Umsatzsteuer		H
Vorsteuer	**350**	Ford. a. LL	350

Buchungssatz: Umsatzsteuer an Vorsteuer 350

Der Buchungssatz bleibt zwar unverändert, jedoch entsteht durch die Verrechnung der Saldo dieses Mal auf dem Vorsteuerkonto. Dieser auch Vorsteuerüberhang genannte Saldo stellt eine Forderung an das Finanzamt dar. In diesem Fall bekommt das Unternehmen Geld vom Finanzamt überwiesen:

S	Bank		H
Vorsteuer	**150**		

S	Vorsteuer		H
Verb. a. LL	500	Umsatzsteuer	350
		Bank	**150**
	500		500

Buchungssatz: Bank an Vorsteuer 150

Bilanzierung der Zahllast und des Vorsteuerüberhangs

Auch zum Jahresende werden die Konten Vorsteuer und Umsatzsteuer zuerst miteinander verrechnet. Das verbliebene Konto wird, wie alle Bestandskonten, über SBK abgeschlossen.

Betrachten wir erneut die beiden oberen Fälle und gehen jetzt davon aus, dass wir uns am Jahresende befinden. Zuerst wird wie gewohnt das Konto mit dem kleineren Saldo über das Konto mit dem größeren Saldo abgeschlossen:

S	Vorsteuer (VSt)		H
Verb. a. LL	38	**Umsatzsteuer**	**38**

S	Umsatzsteuer		H
Vorsteuer	**38**	Ford. a. LL	95

Der auf dem Umsatzsteuerkonto entstandene Saldo in Höhe von 57 € stellt gegenüber dem Finanzamt eine Verbindlichkeit dar und muss entsprechend im Schlussbilanzkonto im Haben gebucht werden:

S	Schlussbilanzkonto (SBK)		H
		Umsatzsteuer	**57**

S	Umsatzsteuer		H
Vorsteuer	38	Ford. a. LL	95
SBK	**57**		
	95		95

Buchungssatz: Umsatzsteuer an SBK 57

Betrachten wir nun den 2. Fall:

S	Vorsteuer (VSt)		H
Verb. a. LL	500	**Umsatzsteuer**	**350**

S	Umsatzsteuer		H
Vorsteuer	**350**	Ford. a. LL	350

Der Vorsteuerüberhang in Höhe von 150 € stellt gegenüber dem Finanzamt eine Forderung dar und muss entsprechend im Schlussbilanzkonto im Soll gebucht werden:

S	Schlussbilanzkonto (SBK)		H
Vorsteuer	**150**		

S	Vorsteuer		H
Verb. a. LL	500	Umsatzsteuer	350
		SBK	**150**
	500		500

Buchungssatz: SBK an Vorsteuer 150

Anmerkungen:

Beim Jahresabschluss ist das Bankkonto nicht das geeignete Gegenkonto, da die Überweisung der Umsatzsteuerschuld bzw. die Gutschrift des Vorsteuerüberhangs erst in den nächsten Tagen erfolgen wird. Zum Bilanzstichtag muss deshalb in der Schlussbilanz ein Vorsteuerüberhang als Forderung gegenüber dem Finanzamt auf der Aktivseite und eine Umsatzsteuerzahllast als Verbindlichkeit gegenüber dem Finanzamt auf der Passivseite ausgewiesen werden.
Wie wir bereits im vorherigen Kapitel gelernt haben, ist die Umsatzsteuer für die Unternehmen ein durchlaufender Posten: Vorsteuer und Umsatzsteuer stellen weder einen Aufwand noch einen Ertrag dar. Die beiden Konten dürfen deshalb nie über das GuV-Konto abgeschlossen werden.

5 Privatkonto

Das Eigenkapital sind die finanziellen Mittel, die von den Eigentümern zur Verfügung gestellt (Einlagen der Gesellschafter) oder vom Unternehmen selbst erwirtschaftet (einbehaltener Gewinn) wurden.

Da es sich bei dem Eigenkapitalkonto um ein Passivkonto handelt, werden Zugänge (Erhöhungen) im Haben und Abgänge (Verringerungen) im Soll gebucht. Einlagen der Gesellschafter (**Privateinlagen**) erhöhen das Eigenkapital und werden entsprechend im Haben gebucht. Entnehmen die Gesellschafter Geld- oder Sachgüter für private Zwecke, verringert sich hingegen das Eigenkapital. Solche **Privatentnahmen** werden deshalb im Soll gebucht. Zur besseren Übersicht bucht man die Privateinlagen und Privatentnahmen nicht direkt auf dem Eigenkapitalkonto, sondern auf dem Unterkonto „Privatkonto".

Beispiel 1:

Der Einzelunternehmer Schmidt entnimmt der Firmenkasse 40 € für private Einkäufe.

S	Privatkonto		H
Kasse	40		

S	Kasse		H
		Privatkonto	40

Buchungssatz: Privatkonto an Kasse 40

Beispiel 2 (Beispiel 1 wird dabei fortgeführt):

Herr Schmidt bringt sein privates Notebook mit einem aktuellen Wert von 100 € in das Betriebsvermögen ein.

S	Privatkonto		H
Kasse	40	**BGA**	**100**

S	Betriebs- und Geschäftsausstattung		H
Privatkonto	**100**		

Buchungssatz: Betriebs- und Geschäftsausstattung an Privatkonto 100

Nach Ablauf des Jahres wird das Privatkonto abgeschlossen über das Eigenkapitalkonto (wir gehen hier von 140.000 € Anfangskapital aus und ignorieren das GuV-Konto, das ja ebenfalls über das Eigenkapitalkonto abgeschlossen wird):

S	Privatkonto		H
Kasse	40	BGA	100
Eigenkapital	**60**		

S	Eigenkapitalkonto		H
		EBK	140.000
		Privatkonto	**60**

Buchungssatz: Privatkonto an Eigenkapital 60

Anmerkung:

Da der Wert des eingebrachten Notebooks höher ist als der entnommene Geldbetrag, liegt in diesem Fall per Saldo eine Privateinlage vor, die das Eigenkapital erhöht. Liegt umgekehrt per Saldo eine Privatentnahme vor, schlägt sich dies auf dem Eigenkapitalkonto als Verringerung im Soll nieder.

Wenn ein Unternehmer seinem Betrieb unentgeltlich für private Zwecke Sachgüter entnimmt oder sonstige Leistungen in Anspruch nimmt, handelt er als Privatperson und muss wie jeder andere Konsument Umsatzsteuer bezahlen. Der Nettoentnahmewert wird auf dem Ertragskonto „Entnahme von Gütern und sonstigen Leistungen" im Haben gebucht.

Beispiel:
Ein Elektrohändler entnimmt dem Warenbestand einen Fernseher für seine Privatwohnung, Einstandspreis des Fernsehers 400 € netto.

Buchungssatz: Privatkonto	476	an	Entnahme v. G. u. s. L.	400
			Umsatzsteuer	76

Anmerkungen:

- Der Unternehmer muss sich selbst nicht auch noch einen Gewinnzuschlag berechnen. Deshalb ist die Basis für die Umsatzsteuerberechnung der Einstands- und nicht der Verkaufspreis.
- Wie alle Ertragskonten wird auch das Konto Entnahme v. G. u. s. L. über das GuV-Konto abgeschlossen.

6 Abschreibung

6.1 Ursachen und Buchung der Abschreibung

Der Kauf eines Anlagegutes schlägt sich zunächst nur auf dem betreffenden Bestandskonto nieder.

Beispiel: Wir kaufen einen Firmenwagen auf Ziel für 30.000 € netto.

Der Buchungssatz lautet:	Fuhrpark	30.000			
	Vorsteuer	5.700	an	Verbindlichkeiten a. LL	35.700

Da Anlagegüter mehrere Jahre genutzt werden können, wäre es unlogisch, würde man im ersten Jahr bereits die gesamten Anschaffungskosten als Aufwand buchen und in den folgenden Jahren überhaupt keinen Aufwand. Der Gesetzgeber sieht deshalb vor, dass die Anschaffungskosten (bei selbst hergestellten Anlagen die Herstellungskosten) auf die betriebsgewöhnliche Nutzungsdauer verteilt werden. Die so ermittelten Beträge werden in der Betriebswirtschaftslehre Abschreibungen und im Steuerrecht Absetzung für Abnutzung (AfA) genannt. In den amtlichen AfA-Tabellen gibt der Gesetzgeber für alle möglichen Anlagegüter die betriebsgewöhnliche Nutzungsdauer vor.

Abschreibungen erfassen die jährliche Wertminderung (bedingt durch Verschleiß, Veralterung der Technik etc.) des abnutzbaren Anlagevermögens. Wie alle Aufwendungen werden auch die Abschreibungen im Soll gebucht. Die Gegenbuchung erfolgt auf dem betreffenden Bestandskonto und sorgt dafür, dass das Anlagegut am Jahresende mit dem geringeren Wert ausgewiesen wird.

Beispiel: Unser Firmenwagen wird zum Jahresende mit 5.000 € abgeschrieben:

S	Fuhrpark		H
Verb. a. LL	30.000	**Abschreibung**	**5.000**

S	Abschreibung auf Sachanlagen		H
Fuhrpark	**5.000**		

Buchungssatz: Abschreibungen auf Sachanlagen an Fuhrpark 5.000

Bei den Abschlussbuchungen gibt es keine Besonderheiten. Das Bestandskonto Fuhrpark wird über das Schlussbilanzkonto und das Aufwandskonto Abschreibungen über das Gewinn- und Verlustkonto abgeschlossen.

S	Fuhrpark		H
Verb. a. LL	30.000	Abschreibung	5.000
		SBK	**25.000**
	30.000		30.000

S	Schlussbilanzkonto		H
Fuhrpark	**25.000**		

S	Abschreibung auf Sachanlagen		H
Fuhrpark	5.000	**GuV**	**5.000**

S	Gewinn- und Verlustkonto		H
Abschreibung	**5.000**		

Buchungssätze: Schlussbilanzkonto an Fuhrpark 25.000

GuV an Abschreibungen auf Sachanlagen 5.000

Da der Firmenwagen während des Jahres an Wert verloren hat, wird er am Ende des ersten Nutzungsjahres nur noch mit 25.000 € in der Schlussbilanz ausgewiesen.

6.2 Berechnung der Abschreibung

Zur Berechnung der Abschreibungsbeträge gibt es verschiedene Abschreibungsmethoden:

- Bei der linearen Abschreibung wird von einer gleichmäßigen Wertminderung ausgegangen und jedes Jahr derselbe Betrag abgeschrieben. Der Abschreibungsbetrag ergibt sich, indem man die Anschaffungskosten des Anlagegutes durch seine Nutzungsdauer teilt.
- Im Rahmen der degressiven Abschreibung wird immer derselbe Prozentsatz vom (sinkenden) Restbuchwert abgeschrieben, so dass die Abschreibungsbeträge von Jahr zu Jahr geringer werden.

Beispiel:

Wir wollen zum Jahresende den für 30.000 € netto gekauften Firmenwagen abschreiben. Die betriebsgewöhnliche Nutzungsdauer beträgt laut AfA-Tabelle 6 Jahre.

Lineare Abschreibung

$$\text{Abschreibungsbetrag} = \frac{\text{Anschaffungskosten}}{\text{Nutzungsdauer}} = \frac{30.000\ €}{6\ \text{Jahre}} = 5.000\ €/\text{Jahr}$$

Zeitpunkt	AfA	(Rest)Buchwert
Beginn 1. Jahr		30.000 €
Ende 1. Jahr	5.000 €	25.000 €
Ende 2. Jahr	5.000 €	20.000 €
Ende 3. Jahr	5.000 €	15.000 €
Ende 4. Jahr	5.000 €	10.000 €
Ende 5. Jahr	5.000 €	5.000 €
Ende 6. Jahr	5.000 €	0 €

Anmerkung:

Solange ein Anlagegut betrieblich genutzt wird, muss es auch mit einem Wert in den Büchern stehen. Verbleiben Anlagegüter auch nach Ablauf der betriebsgewöhnlichen Nutzungsdauer im Betrieb, werden Sie im betreffenden Anlagekonto mit einem Erinnerungswert von 1,00 € ausgewiesen. Entsprechend wird im letzten Jahr der betriebsgewöhnlichen Nutzungsdauer 1,00 € weniger abgeschrieben als in den Jahren zuvor. Erst wenn das Anlagegut aus dem Betrieb ausscheidet, wird auch dieser eine Euro abgeschrieben.

Degressive Abschreibung				
Abschreibungsbetrag	=	(Rest)Buchwert	x	Abschreibungssatz
(im folgenden Beispiel beträgt der Abschreibungssatz 20 %)				

Zeitpunkt	AfA	Berechnung	(Rest)Buchwert
Beginn 1. Jahr			30.000 €
Ende 1. Jahr	6.000 €	(20 % von 30.000)	24.000 €
Ende 2. Jahr	4.800 €	(20 % von 24.000)	19.200 €
Ende 3. Jahr	3.840 €	(20 % von 19.200)	15.360 €
usw.			

Anmerkung:

Für neu angeschaffte Güter ist die degressive Abschreibung derzeit steuerrechtlich nicht mehr zulässig.

In den meisten Fällen werden Anlagegüter irgendwann während des Geschäftsjahres angeschafft und nicht genau zu Beginn des Geschäftsjahres. In diesem Fall muss auf den Monat genau abgeschrieben werden. Der Monat der Anschaffung wird bei der Berechnung mit berücksichtigt, egal an welchem Tag im Monat die Anschaffung erfolgte.

Beispiel:

Unsere Firma kauft am 24.03.2013 ein Notebook für 1.440 € netto. Die Nutzungsdauer beträgt 3 Jahre. Das Geschäftsjahr stimmt mit dem Kalenderjahr überein.

Die lineare Abschreibung beträgt damit 1.440 € : 3 = 480 € pro Jahr.
Pro Monat sind dies 480 € : 12 = 40 €.
Im Jahr 2013 beginnt die Abschreibung mit dem Monat März, die Abschreibungsdauer beträgt also 10 Monate. In den nächsten 2 Jahren wird für das volle Jahr abgeschrieben. Damit verbleiben von den 3 Jahren Gesamtabschreibungsdauer noch 2 Monate für das letzte Jahr.

Jahr	Abschreibungsbetrag	Berechnung
2013	400 €	10 • 40 = 400
2014	480 €	12 • 40 = 480
2015	480 €	12 • 40 = 480
2016	80 €	2 • 40 = 80

7 Buchung von Handelsware

Handelswaren sind Güter, die von einem Unternehmen eingekauft und unverändert (also ohne eigene Bearbeitung) weiterverkauft werden. Wie der Begriff Handelsware schon andeutet, ist dieser Fall typisch für Handelsbetriebe. Aber auch einige Industriebetriebe ergänzen ihr Sortiment durch Handelswaren. Insbesondere in Handelsunternehmen werden Handelswaren oft kurz als Waren bezeichnet.

Der Wareneinkauf kann entweder auf dem Bestandskonto „Waren“ oder direkt auf dem Aufwandskonto „Aufwendungen für Waren“ gebucht werden. Entsprechend unterscheidet man das bestandsorientierte und das aufwandsorientierte Verfahren. Da in IHK-Prüfungen bereits beide Verfahren abgefragt wurden, sollten Sie auch beide Verfahren beherrschen.

7.1 Die bestandsorientierte Buchung des Wareneinkaufs

Wie alle Aktivkonten wird auch das Konto Waren zum Jahresanfang über das Eröffnungsbilanzkonto im Soll eröffnet. Um deutlich zu machen, dass es sich bei dem Konto „Waren“ um ein Bestandskonto handelt, kann das Konto auch „Warenbestand“ genannt werden.

Beispiel: Zu Beginn des Geschäftsjahres sind Waren im Wert von 10.000 € vorrätig.

S	Waren		H
EBK	10.000		

S	Eröffnungsbilanzkonto		H
		Waren	10.000

Buchungssatz: Waren an EBK 10.000

Den Ein- und Verkauf von Handelswaren sollten Sie bereits buchen können, hier tauchen keine Besonderheiten auf.

Beispiel für den Einkauf: Ein Händler kauft Ware für 2.000 € netto auf Ziel ein.

Buchungssatz: Waren 2.000
Vorsteuer 380 an Verbindlichkeiten a. LL 2.380

Beispiel für den Verkauf: Der Händler verkauft Ware für 5.000 € netto auf Ziel.

Buchungssatz: Forderungen a. LL 5.950 an Umsatzerlöse für Waren 5.000
Umsatzsteuer 950

Zum Jahresende müssen nun die Konten abgeschlossen werden. Wir gehen hierbei vereinfachend davon aus, dass es keine weiteren Ein- oder Verkäufe gab und beschränken uns auf die beiden neuen Konten „Waren" und „Umsatzerlöse für Waren".

Das Konto Umsatzerlöse für Waren wird wie jedes Ertragskonto abgeschlossen über das GuV-Konto:

S	Umsatzerlöse für Waren		H
GuV	**5.000**	Ford. a. LL	5.000

S	Gewinn- und Verlustkonto		H
		Umsatz. f. W.	**5.000**

Buchungssatz: Umsatzerlöse für Waren an GuV-Konto 5.000

Auf dem Bestandskonto Waren haben wir bisher den Anfangsbestand und die mit dem Wareneinkauf verbundenen Zugänge gebucht. Da wir den Warenverkauf vorher auf dem Konto Umsatzerlöse für Waren gebucht haben, wurde der damit verbundene Warenabgang bisher nicht auf dem Bestandskonto Waren erfasst. Dies geschieht indirekt durch die Buchung der Schlussbestände laut Inventur.

Beispiel:

Zum Jahresende wird in der Inventur ein Warenbestand im Wert von 9.000 € erfasst. Da es sich beim Warenbestand um einen Vermögenswert handelt, wird er im Schlussbilanzkonto im Soll gebucht; folglich muss die Gegenbuchung auf dem Warenkonto im Haben erfolgen:

S	Waren		H
EBK	10.000	**SBK**	**9.000**
Verb. a. LL	2.000		

S	Schlussbilanzkonto (SBK)		H
Waren	**9.000**		

Buchungssatz: SBK an Waren 9.000

Das Warenkonto weist einen Anfangsbestand von 10.000 € und Zugänge in Höhe von 2.000 € aus. Ohne Warenabgänge müsste der Endbestand folglich bei 10.000 € + 2.000 € = 12.000 € liegen. Der tatsächliche Endbestand liegt jedoch nur bei 9.000 €. Die Differenz von 12.000 € - 9.000 € = 3.000 € stellt einen Warenabgang dar. Dieser entspricht dem Wert der verkauften Ware bewertet zum Einstandspreis (Bezugspreis) und wird als **Wareneinsatz** bezeichnet. Der im Einkauf für die verkaufte Ware ausgegebene Betrag stellt für das Unternehmen einen Aufwand dar. Der Wareneinsatz wird deshalb auf dem Gegenkonto Aufwendungen für Waren gebucht:

S	Waren		H
EBK	10.000	SBK	9.000
Verb. a. LL	2.000	**Aufw. f. W.**	**3.000**
	12.000		12.000

S	Aufwendungen für Waren		H
Waren	**3.000**		

Buchungssatz: Aufwendungen für Waren an Waren 3.000

Das Konto Aufwendungen für Waren wird wiederum abgeschlossen über das GuV-Konto:

S	Aufwendungen für Waren		H
Waren	3.000	**GuV**	**3.000**

S	Gewinn- und Verlustkonto		H
Aufw. f. W.	**3.000**	Umsatz. f. W.	5.000

Buchungssatz: GuV-Konto an Aufwendungen für Waren 3.000

Schauen wir uns zum Abschluss die Ermittlung des Wareneinsatzes nochmals anhand des Warenkontos an. Zur besseren Veranschaulichung wurden diesmal nicht wie üblich die Gegenkonten vor den Zahlen eingetragen, sondern der Sachverhalt um den es sich dabei handelt:

S	Waren		H
Anfangsbestand	10.000	Schlussbestand	9.000
Einkäufe	2.000	**Wareneinsatz**	**3.000**
	12.000		12.000

	Anfangsbestand an Waren	10.000 €
+	Wareneinkäufe	2.000 €
-	Schlussbestand an Waren	9.000 €
=	Wareneinsatz	3.000 €

Die Differenz zwischen den Umsatzerlösen (verkaufte Warenmenge • Verkaufspreis) und dem Wareneinsatz (verkaufte Warenmenge • Einstandspreis) wird als **Rohergebnis** bezeichnet. In unserem Fall erwirtschaftet das Unternehmen einen Rohgewinn in Höhe von 5.000 € - 3.000 € (siehe GuV-Konto) = 2.000 €.

7.2 Die aufwandsorientierte (verbrauchsorientierte) Buchung des Wareneinkaufs

Da eingekaufte Waren in der Regel sehr schnell auch wieder verkauft werden, wird der Wareneinkauf in der Praxis meistens gar nicht erst auf dem Bestandskonto „Waren“, sondern gleich auf dem Aufwandskonto „Aufwendungen für Waren“ gebucht.
In den folgenden Beispielen gehen wir von denselben Zahlen aus wie im vorherigen Kapitel.

Auch bei diesem Verfahren wird zum Jahresbeginn der Anfangsbestand an Waren in Höhe von 10.000 € auf dem Bestandskonto Waren im Soll gebucht; Gegenkonto ist wie gehabt das Eröffnungsbilanzkonto.

Buchungssatz: Waren an EBK 10.000

Der Zielkauf von Ware für 2.000 € netto wird jetzt jedoch direkt auf dem betreffenden Aufwandskonto gebucht.

Buchungssatz: Aufwendungen für Waren 2.000
Vorsteuer 380 an Verbindlichkeiten a. LL 2.380

Der Buchungssatz für den Zielverkauf von Ware für 5.000 € netto bleibt unverändert.

Buchungssatz: Forderungen a. LL 5.950 an Umsatzerlöse für Waren 5.000
Umsatzsteuer 950

Zum Jahresende wird das Konto Umsatzerlöse für Waren wieder über das GuV-Konto abgeschlossen.

Der Buchungssatz lautet unverändert: Umsatzerlöse für Waren an GuV-Konto 5.000

Auf dem Bestandskonto Waren haben wir bisher nur den Anfangsbestand gebucht. Wie im vorherigen Kapitel buchen wir den in der Inventur erfassten Warenendbestand im Wert von 9.000 € auf dem Schlussbilanzkonto im Soll und auf dem Warenkonto im Haben.

Unveränderter Buchungssatz: SBK an Waren 9.000

Da Warenanfangs- und Warenendbestand nur selten übereinstimmen, weist das Warenbestandskonto in der Regel einen Saldo auf. Dieser erfasst die Bestandsveränderung, also den Mehr- oder Minderbestand an Ware:

- Ist der Warenendbestand höher als der Warenanfangsbestand, liegt ein Mehrbestand vor. Ein Teil der eingekauften Ware wurde nicht verkauft. Da aber der gesamte Wareneinkauf sofort als Aufwand gebucht wurde, weist das Konto Aufwendungen für Waren einen zu hohen Betrag aus. Der Mehrbestand muss zur Korrektur auf dem Aufwandskonto im Haben gebucht werden.
- Ist der Warenendbestand niedriger als der Warenanfangsbestand, liegt ein Minderbestand vor. Es wurde mehr Ware verkauft als eingekauft. Da bisher nur der Wareneinkauf als Aufwand gebucht wurde, weist das Konto Aufwendungen für Waren einen zu niedrigen Betrag aus. Der Minderbestand muss zur Korrektur auf dem Aufwandskonto im Soll gebucht werden.

Die Erläuterungen zeigen, dass auf dem Bestandskonto ausgewiesene Bestandsveränderungen umgebucht werden müssen auf das Konto Aufwendungen für Waren.

In unserem Beispiel sehen die beiden Konten vor der Umbuchung folgendermaßen aus:

S	Waren		H
EBK	10.000	SBK	9.000

S	Aufwendungen für Waren		H
Verb. a. LL	2.000		

Hier liegt also ein Minderbestand vor, der aufwandserhöhend umgebucht werden muss:

S	Waren		H
EBK	10.000	SBK	9.000
		Aufw. f. W.	**1.000**
	10.000		10.000

S	Aufwendungen für Waren		H
Verb. a. LL	2.000		
Waren	**1.000**		

Buchungssatz: Aufwendungen für Waren an Waren 1.000

Das Konto Aufwendungen für Waren weist nun wieder den gesamten Wareneinsatz (wie im vorherigen Kapitel 3.000 €) aus und wird wie gewohnt über das GuV-Konto abgeschlossen:

S	Aufwendungen für Waren		H
Verb. a. LL	2.000	**GuV**	**3.000**
Waren	1.000		
	3.000		3.000

S	Gewinn- und Verlustkonto		H
Aufw. f. W.	**3.000**	Umsatz. f. W.	5.000

Buchungssatz: GuV-Konto an Aufwendungen für Waren 3.000

Alternative Kontenbezeichnungen

Das Konto „Aufwendungen für Waren" wird häufig auch „**Wareneingang**" oder „Wareneinkauf" genannt. Das Konto „Umsatzerlöse für Waren" wird dann entsprechend als „**Warenausgang**" oder „Warenverkauf" bezeichnet. Der grundsätzliche Aufbau der Buchungssätze bleibt von der Wahl der Kontenbezeichnungen unberührt.
Da in neueren IHK-Prüfungen die Kontenbezeichnungen Wareneingang und Warenausgang verwendet wurden, wollen wir uns dennoch ansehen, wie in diesem Fall die Buchungssätze beim Warenein- und -verkauf lauten. Wir gehen dabei von denselben Beispielen aus wie oben.

Beispiel: Zielkauf von Ware für 2.000 € netto.

Buchungssatz:	Wareneingang 2.000			
	Vorsteuer 380	an	Verbindlichkeiten a. LL 2.380	

Beispiel: Zielverkauf von Ware für 5.000 € netto.

Buchungssatz:	Forderungen a. LL 5.950	an	Warenausgang 5.000
			Umsatzsteuer 950

8 Die aufwandsorientierte Buchung der Werkstoffeinkäufe

Zur Senkung der Lagerkosten lassen sich viele Industrieunternehmen die Werkstoffe (Roh-, Hilfs- und Betriebsstoffe) genau zum benötigten Zeitpunkt anliefern (Just-in-time-Verfahren). Da in diesem Fall die Werkstoffe gleich nach der Anlieferung verbraucht werden, ist es sinnvoll, den Werkstoffeinkauf auch sofort als Aufwand zu buchen.

Die aufwandsorientierte Buchung der Werkstoffeinkäufe entspricht grundsätzlich der aufwandsorientierten Buchung der Wareneinkäufe. Schauen wir uns deshalb ohne lange Einleitung gleich die Buchungssätze anhand eines Beispiels an.

Beispiel:

Zum Jahresanfang liegen Rohstoffe im Wert von 10.000 € auf Lager. Zum Jahresende ist der Lagerbestand der Rohstoffe auf 13.000 € angewachsen. Während des Geschäftsjahres wurden Rohstoffe für 100.000 € netto auf Ziel eingekauft.

Buchung des Anfangsbestandes: Rohstoffe an EBK 10.000

Buchung des Rohstoffeinkaufs:

Aufwendungen für Rohstoffe	100.000		
Vorsteuer	19.000	an	Verbindlichkeiten a. LL 119.000

Buchung des Schlussbestandes: SBK an Rohstoffe 13.000

In diesem Beispiel liegt ein Mehrbestand vor. Ein Teil der eingekauften Rohstoffe wurde nicht verbraucht. Da aber der gesamte Rohstoffeinkauf sofort als Aufwand gebucht wurde, weist das Konto Aufwendungen für Rohstoffe einen zu hohen Betrag aus. Der Mehrbestand muss zur Korrektur auf dem Aufwandskonto im Haben gebucht werden:

S	Rohstoffe		H
EBK	10.000	SBK	13.000
Aufw. f. Rohst.	**3.000**		
	13.000		13.000

S	Aufwendungen für Rohstoffe		H
Verb. a. LL	100.000	**Rohstoffe**	**3.000**

Buchungssatz: Rohstoffe an Aufwendungen für Rohstoffe 3.000

Das Konto Aufwendungen für Rohstoffe weist nun den korrekten Rohstoffverbrauch aus und wird wie gewohnt über das GuV-Konto abgeschlossen:

S	Aufwendungen für Rohstoffe		H
Verb. a. LL	100.000	Rohstoffe	3.000
		GuV	**97.000**
	100.000		100.000

S	Gewinn- und Verlustkonto		H
Aufw. f. Rohst.	**97.000**		

Buchungssatz: GuV-Konto an Aufwendungen für Rohstoffe 97.000

9 Weiterführende Buchungen im Beschaffungsbereich

Neu erworbene Wirtschaftsgüter sind in der Bilanz mit ihren Anschaffungskosten auszuweisen. Die Anschaffungskosten sind beim abnutzbaren Anlagevermögen dann auch die Grundlage zur Berechnung der Abschreibungen.

Schema zur Ermittlung der Anschaffungskosten:

	Kaufpreis	(Listeneinkaufpreis - sofort gewährte Preisnachlässe)
+	Anschaffungsnebenkosten	(z. B. Montagekosten, Bezugskosten)
-	Preisminderungen	(nachträglich gewährte Preisnachlässe)
=	**Anschaffungskosten**	

Den Einkauf von Gütern können wir im Standardfall bereits buchen. In den beiden folgenden Kapiteln werden wir lernen, wie Anschaffungsnebenkosten und Preisnachlässe berücksichtigt werden.

9.1 Bezugskosten (Anschaffungsnebenkosten)

Zu den wichtigsten Anschaffungsnebenkosten gehören die Bezugskosten, wie z. B. die Transport- und Verpackungskosten. Die Bezugskosten erhöhen die Anschaffungskosten und können direkt auf den betreffenden Bestandskonten (z. B. Fuhrpark) gebucht werden. Für eine genauere Wirtschaftlichkeitskontrolle und Kalkulation ist es beim Einkauf von Werkstoffen (Roh-, Hilfs- und Betriebsstoffen) und Waren jedoch üblich, die Bezugskosten zunächst auf Unterkonten zu buchen.

Beispiel:

Ein EDV-Händler erhält von seinem Lieferanten folgende Rechnung:

Eingangsrechnung für Notebooks	
4 Notebooks zum Einzelpreis von 200,00 €	800,00 €
+ Transport- und Verpackungskosten	14,00 €
Nettorechnungsbetrag	814,00 €
+ 19 % MwSt	154,66 €
Bruttorechnungsbetrag	**968,66 €**

Der Warenzugang wird wie gewohnt auf dem Aktivkonto (Bestandskonto) „Waren" im Soll gebucht. Die Transport- und Verpackungskosten buchen wir separat auf dem Konto „Bezugskosten für Waren". Da es sich bei diesem Konto um ein Unterkonto des Warenkontos handelt, erfolgt hier die Buchung ebenfalls im Soll.

S	Waren		H
Verb. a. LL	800,00		

S	Bezugskosten für Waren		H
Verb. a. LL	14,00		

S	Vorsteuer		H
Verb. a. LL	154,66		

S	Verbindlichkeiten a. LL		H
		Waren/VSt/ Bezugskosten	968,66

Buchungssatz: Waren 800,00
Bezugskosten für Waren 14,00
Vorsteuer 154,66 an Verbindlichkeiten a. LL 968,66

Monatlich oder zum Jahresende werden die Bezugskosten (Unterkonto) auf das betreffende Bestandskonto (Oberkonto) umgebucht. Danach weist das Bestandskonto die kompletten Anschaffungskosten aus:

S	Waren		H
Verb. a. LL	800,00		
Bezugsk. f. W.	**14,00**		

S	Bezugskosten für Waren		H
Verb. a. LL	14,00	**Waren**	**14,00**

Buchungssatz: Waren an Bezugskosten für Waren 14,00

9.2 Preisnachlässe/Gutschriften

9.2.1 Sofort gewährte Preisnachlässe

Sofort gewährte Preisnachlässe erfordern keine besonderen Buchungen.

Beispiel: Der EDV-Händler erhält eine Rechnung mit Mengenrabatt von seinem Lieferanten.

	Eingangsrechnung für Notebooks	
	4 Notebooks zum Einzelpreis von 281,25 €	1.125,00 €
-	20 % Mengenrabatt	225,00 €
	Nettorechnungsbetrag	900,00 €
+	19 % MwSt	171,00 €
	Bruttorechnungsbetrag	**1.071,00 €**

Der Händler bucht in diesem Fall einfach die tatsächlich zu zahlenden Beträge.

① Buchungssatz: Waren 900,00
Vorsteuer 171,00 an Verbindlichkeiten a. LL 1.071,00

9.2.2 Gutschriften von Lieferanten aufgrund von Rücksendungen

Eine zusätzliche Buchung wird erforderlich, wenn Güter zurückgesendet werden, deren Zugang bereits gebucht wurde. Durch die vom Lieferanten für die zurückgesendeten Güter gewährte Gutschrift, werden alle beim Warenzugang gebuchten Werte wieder kleiner.

Beispiel:

Der Händler sendet von den 4 Notebooks eines aufgrund größerer Mängel zurück und erhält dafür von seinem Lieferanten folgende Gutschrift:

	Gutschrift für Rücksendungen	
	Nettowert des zurückgesendeten Notebooks	225,00 €
+	19 % MwSt	42,75 €
	Gutschriftsbetrag (brutto)	**267,75 €**

Anmerkung: Nettowert für 1 Notebook = 900,00 : 4 = 225,00 €.

<u>Bestandsorientierte Buchung</u>

Auf jedem Konto, auf dem vorher im Soll (Haben) gebucht wurde, muss jetzt zur Korrektur (Verringerung) des Wertes eine Buchung im Haben (Soll) erfolgen. Folglich muss der Buchungssatz des Wareneinkaufs (siehe vorheriges Kapitel ①) einfach nur umgedreht werden.

② Buchungssatz: Verbindlichkeiten a. LL 267,75 an Waren 225,00
Vorsteuer 42,75

Erläuterungen:

Die Vorsteuer beträgt 19 % des Nettowarenwertes. Durch die Rücksendung wird der Nettowarenwert um 225,00 € reduziert, deshalb kann der Händler auch nur eine um 19 % • 225,00 € = 42,75 € geringere Vorsteuer gegenüber dem Finanzamt geltend machen.
Da Kunden dem Lieferanten immer den Bruttobetrag schulden, werden sich die Verbindlichkeiten a. LL auch um den Bruttogutschriftsbetrag reduzieren.

Nach der Buchung des Wareneinganges ① (siehe vorheriges Kapitel) und der Gutschrift für die Warenrücksendung ② sehen die Konten wie folgt aus:

S	Waren		H
①	900,00	②	225,00

S	Verbindlichkeiten a. LL		H
②	267,75	①	1.071,00

S	Vorsteuer		H
①	171,00	②	42,75

<u>Aufwandsorientierte Buchung</u>

Bei einer aufwandsorientierten Buchung des Wareneinkaufs sieht der Buchungssatz ① folgendermaßen aus:

Wareneingang 900,00
Vorsteuer 171,00 an Verbindlichkeiten a. LL 1.071,000

Auch in diesem Fall gilt, dass bei einer Rücksendung der Buchungssatz für den Wareneinkauf einfach umgedreht wird. Der Buchungssatz für die Rücksendung des Notebooks lautet somit:

Verbindlichkeiten a. LL 267,75 an Wareneingang 225,00
Vorsteuer 42,75

9.2.3 Nachträgliche Preisnachlässe

Erhält der Händler aufgrund einer Mängelrüge (Reklamation) nachträglich einen Preisnachlass, werden alle bereits gebuchten Werte kleiner. Auch ohne Rücksendung der Ware ist deshalb eine zusätzliche Buchung erforderlich.

Beispiel:

Ausgangspunkt ist wieder die Eingangsrechnung aus Kapitel B 9.2.1, die wir bereits folgendermaßen gebucht haben:

① Buchungssatz: Waren 900,00
Vorsteuer 171,00 an Verbindlichkeiten a. LL 1.071,00

Im Gegensatz zum vorherigen Beispiel gehen wir nun davon aus, dass die Ware nur kleinere Mängel aufweist. Der Händler verzichtet deshalb auf eine Rücksendung der Ware und vereinbart stattdessen mit dem Lieferanten einen Preisnachlass in Höhe von 10 %, insgesamt also 1.071 € • 10 % = 107,10 €.

Grundsätzlich entspricht die Buchung des Preisnachlasses der Gutschriftsbuchung im vorherigen Kapitel. Wieder muss auf jedem Konto, auf dem vorher im Soll (Haben) gebucht wurde, zur Korrektur bzw. Verringerung des Wertes eine Buchung im Haben (Soll) erfolgen. Der Buchungssatz des Wareneinkaufs wird im Prinzip wieder nur umgedreht. Wie bei den Bezugskosten ist es jedoch auch bei den Preisnachlässen üblich, diese nicht sofort auf dem betreffenden Werkstoff- oder Warenkonto zu buchen, sondern zuerst auf einem dazugehörigen Unterkonto „Nachlässe für Rohstoffe“, „Nachlässe für Waren“ etc.

② Buchungssatz:	Verbindlichkeiten a. LL	107,10	an	Nachlässe für Waren	90,00
				Vorsteuer	17,10

Rechenweg:

1.071,00 € • 10 % = 107,10 €; 900,00 € • 10 % = 90,00 €; 171,00 € • 10 % = 17,10 €.

In vielen Prüfungen ist der Buchungssatz ① jedoch gar nicht zu sehen. Wie lässt sich dennoch der gesamte Preisnachlass in Höhe von 107,10 € auf die Nachlässe für Waren und die Korrektur der Vorsteuer aufteilen?

Da die Vorsteuer immer 19 % des Warenwertes (netto) ausmacht, wird auch die Vorsteuerkorrektur 19 % der Nachlässe für Waren betragen. Daraus folgt:

Nachlässe für Waren 100 % + Vorsteuer 19 % = gesamter Preisnachlass 119 %

Ausgehend von diesen Prozentsätzen ist die Aufteilung anhand eines einfachen Dreisatzes möglich:

Gesamter Preisnachlass 119 % ~ 107,10 €

Nachlässe für Waren 100 % ~ x

$$x = \frac{107{,}10\text{ €} \cdot 100\ \%}{119\ \%} = 90{,}00\text{ €}$$

Die Vorsteuerkorrektur lässt sich nun wie folgt errechnen: 107,10 € – 90,00 € = 17,10 €

Nach der Buchung der Geschäftsvorfälle ① und ② sehen die Konten wie folgt aus:

S	Waren		H
①	900,00		

S	Verbindlichkeiten a. LL		H
②	107,10	①	1.071,00

S	Nachlässe für Waren		H
		②	90,00

S	Vorsteuer		H
①	171,00	②	17,10

Genauso wie die Bezugskosten werden auch die Nachlässe monatlich oder zum Jahresende auf das betreffende Bestandskonto umgebucht. Danach weist das Bestandskonto (in unserem Beispiel das Konto Waren) die reduzierten Anschaffungskosten aus:

S	Nachlässe für Waren		H
③	**90,00**	②	90,00

S	Waren		H
①	900,00	③	**90,00**

③ Buchungssatz: Nachlässe für Waren an Waren 90,00

9.2.4 Lieferantenskonti

Skonto ist ein Preisnachlass, den der Kunde erhält, wenn er innerhalb der vom Verkäufer bestimmten (kurzen) Skontofrist zahlt. Dies soll die Kunden dazu bewegen, freiwillig vor dem (längeren) Zahlungsziel zu zahlen.

Beispiel:

Der EDV-Händler erhält wieder eine Rechnung von seinem Lieferanten, diesmal ohne Mengenrabatt, dafür mit Skontierungsmöglichkeit. Die Lieferung erfolgt frei Haus (Transportkosten übernimmt der Lieferant).

Eingangsrechnung für Notebooks

	Nettorechnungsbetrag für 4 Notebooks	1.000,00 €
+	19 % MwSt	190,00 €
	Bruttorechnungsbetrag	**1.190,00 €**

Die Rechnung ist zahlbar bis zum 14.06.20.. mit 2 % Skonto oder bis zum 14.07.20.. netto Kasse.

Der Händler bucht als Erstes wie gewohnt den Warenzugang.

① Buchungssatz:	Waren	1.000,00		
	Vorsteuer	190,00	an	Verbindlichkeiten a. LL 1.190,00

Die Formulierung „netto Kasse“ bedeutet nicht, dass bar und nur der Nettobetrag bezahlt werden muss, sondern dass kein Skonto abgezogen werden darf. Ich habe diese missverständliche Formulierung dennoch einmal verwendet, da sie in alten IHK-Aufgaben üblich war. In der nächsten Rechnung steht dann die heute übliche Formulierung „ohne Abzug“.
Überweist der Händler den Rechnungsbetrag erst nach dem 14.06, darf er also keinen Skonto abziehen. In diesem Fall weist der Buchungssatz keine Besonderheiten auf und ist uns schon längst vertraut.

Buchungssatz: Verbindlichkeiten a. LL an Bank 1.190,00

Bezahlt der Händler bis zum 14.06, darf er 2 % Skonto vom Rechnungsbetrag abziehen und überweist nur 1.190,00 € - 1.190,00 € • 2 % = 1.190,00 € - 23,80 € = 1.166,20 €. Die Verbindlichkeit in Höhe von 1.190,00 € erlischt aber dennoch komplett, da der Händler ja den korrekten Betrag überwiesen hat. Der auf den Warenwert entfallende Skontobetrag wird (wie alle Preisnachlässe) auf dem Unterkonto „Nachlässe für Waren“ gebucht. Da sich dadurch der Warenwert reduziert, muss auch hier wieder die Vorsteuer korrigiert werden.

Gesamter Skontobetrag	119 %	~ 23,80 €
Nachlässe für Waren	100 %	~ x

$$x = \frac{23{,}80\text{ €} \cdot 100\ \%}{119\ \%} = 20{,}00\text{ €}$$

Vorsteuerkorrektur = 23,80 € - 20,00 € = 3,80 €

② Buchungssatz:	Verbindlichkeiten a. LL 1.190,00	an	Nachlässe für Waren	20,00
			Vorsteuer	3,80
			Bank	1.166,20

Nach der Buchung der Geschäftsvorfälle ① und ② sehen die Konten wie folgt aus:

S	Waren		H
①	1.000,00		

S	Verbindlichkeiten a. LL		H
②	1.190,00	①	1.190,00

S	Vorsteuer		H
①	190,00	②	3,80

S	Nachlässe für Waren		H
		②	20,00

S	Bank		H
		②	1166,20

Zum Periodenende werden die Nachlässe wieder auf das betreffende Bestandskonto umgebucht. Danach weist das Bestandskonto Waren die reduzierten Anschaffungskosten aus:

S	Waren		H
①	1.000,00	③	**20,00**

S	Nachlässe für Waren		H
③	**20,00**	②	20,00

③ Buchungssatz: Nachlässe für Waren an Waren 20,00

Hinweis zur aufwandsorientierten Buchung

Wurde der Wareneinkauf auf dem Wareneingangskonto gebucht (aufwandsorientierte Buchung), dann wird das Konto „Nachlässe für Waren“ auch über das Konto „Wareneingang“ abgeschlossen.

③ Buchungssatz: Nachlässe für Waren an Wareneingang 20,00

10 Weiterführende Buchungen im Absatzbereich

10.1 Vertriebskosten

Die mit dem Versand der Ware verbundenen Kosten werden auf den betreffenden Aufwandskonten (Verpackungsmaterial, Frachten und Fremdlager, Vertreterprovisionen) im Soll gebucht.

Beispiel:

Ein Hersteller von EDV-Geräten lässt seine Produkte über eine Spedition ausliefern. Von dieser erhält er eine Rechnung über 500 € netto.

Buchungssatz: Frachten und Fremdlager 500
Vorsteuer 95 an Verbindlichkeiten a. LL 595

10.2 Preisnachlässe/Gutschriften

10.2.1 Gutschriften an Kunden aufgrund von Rücksendungen

Die Buchungssätze beim Verkauf kennen wir bereits aus den Kapiteln B 4.2 und B 7.

Verkauft ein Unternehmen selbst hergestellte Produkte auf Ziel, lautet der Buchungssatz:

Forderungen a. LL	an	Umsatzerlöse für eigene Erzeugnisse
		Umsatzsteuer

Werden Handelswaren auf Ziel verkauft, lautet der Buchungssatz stattdessen:

Forderungen a. LL	an	Umsatzerlöse für Waren
		Umsatzsteuer

Senden Kunden falsch gelieferte oder mangelhafte Ware zurück, werden alle beim Verkauf gebuchten Beträge kleiner. Auf jedem Konto, auf dem vorher im Soll (Haben) gebucht wurde, muss jetzt zur Korrektur bzw. Verringerung des Wertes eine Buchung im Haben (Soll) erfolgen. Folglich muss der Buchungssatz im Prinzip einfach nur umgedreht werden. Diese Vorgehensweise kennen wir bereits von den Rücksendungen im Beschaffungsbereich.

Beispiel:

Ein Hardwareproduzent verkauft Notebooks für 5.800,00 € netto auf Ziel an einen Händler. Der Händler sendet 1 Notebook aufgrund größerer Mängel zurück und erhält dafür von seinem Lieferanten folgende Gutschrift:

Gutschrift für Rücksendungen

Nettowert des zurückgesendeten Notebooks	300,00 €
+ 19 % MwSt	57,00 €
Gutschriftsbetrag (brutto)	**357,00 €**

Der Buchungssatz für die Ausgangsrechnung lautet:

① Forderungen a. LL	6.902,00	an	Umsatzerlöse für eigene Erzeugnisse	5.800,00
			Umsatzsteuer	1.102,00

Für die Gutschrift lautet der Buchungssatz:

② Umsatzerlöse für eigene Erzeugnisse	300,00			
Umsatzsteuer	57,00	an	Forderungen a. LL	357,00

Erläuterungen:

Durch die Gutschrift reduziert sich der Umsatz des Herstellers um 300,00 €. Deshalb muss er auch nur eine um 19 % • 300,00 € = 57,00 € geringere Umsatzsteuer an das Finanzamt abführen. Da Kunden dem Lieferanten immer den Bruttobetrag schulden, werden sich die Forderungen a. LL auch um den Bruttogutschriftsbetrag reduzieren.

Nach der Buchung der Geschäftsvorfälle ① und ② sehen die Konten wie folgt aus:

S	Forderungen a. LL		H
①	6.902,00	②	357,00

S	Umsatzerlöse für eigene Erzeugnisse		H
②	300,00	①	5.800,00

S	Umsatzsteuer		H
②	57,00	①	1.102,00

10.2.2 Nachträgliche Preisnachlässe

Gewährt der Verkäufer dem Kunden nachträglich einen Preisnachlass, werden auch ohne Rücksendung der Ware alle beim Verkauf gebuchten Beträge kleiner. Folglich muss wieder auf jedem Konto, auf dem vorher im Soll (Haben) gebucht wurde, zur Verringerung des Wertes eine Buchung im Haben (Soll) erfolgen. Wie bei den Preisnachlässen im Beschaffungsbereich ist es auch bei den Preisnachlässen im Absatzbereich üblich, diese zuerst auf einem Unterkonto zu buchen.

Beispiel:

Wir gehen wieder von derselben Ausgangsrechnung aus, die wir bereits in Kapitel B 10.2.1 wie folgt gebucht haben:

①	Forderungen a. LL	6.902,00	an	Umsatzerlöse für eigene Erzeugnisse	5.800,00
				Umsatzsteuer	1.102,00

Im Gegensatz zum vorherigen Beispiel gehen wir nun davon aus, dass die Ware nur kleinere Mängel aufweist. Der Lieferant vereinbart deshalb mit dem Händler, dass dieser auf eine Rücksendung der Ware verzichtet und stattdessen einen Preisnachlass in Höhe von 5 % erhält.

② Buchungssatz:

Erlösberichtigungen eigene Erzeugnisse	290,00			
Umsatzsteuer	55,10	an	Forderungen a. LL	345,10

Rechenweg:

6.902,00 € • 5 % = 345,10 €; 5.800,00 € • 5 % = 290,00 €; 1.102,00 € • 5 % = 55,10 €

Nach der Buchung der Geschäftsvorfälle ① und ② sehen die Konten wie folgt aus:

S	Forderungen a. LL		H
①	6.902,00	②	345,10

S	Umsatzerlöse für eigene Erzeugnisse		H
		①	5.800,00

S	Umsatzsteuer		H
②	55,10	①	1.102,00

S	Erlösberichtigungen eigene Erzeugnisse		H
②	290,00		

Zum Periodenende werden die Erlösberichtigungen auf das betreffende Umsatzkonto umgebucht:

S	Erlösberichtigungen eigene Erzeugnisse		H
②	290,00	③	**290,00**

S	Umsatzerlöse für eigene Erzeugnisse		H
③	**290,00**	①	5.800,00

③ Buchungssatz:

Umsatzerlöse f. eigene Erzeugnisse an Erlösberichtigungen eigene Erzeugnisse 290,00

10.2.3 Kundenskonti

Beispiel:

Ein Hardwareproduzent verkauft Notebooks an einen Händler. Die folgende Rechnung ist der Sendung beigefügt:

Ausgangsrechnung für Notebooks

	Nettorechnungsbetrag für 4 Notebooks	600,00 €
+	19 % MwSt	114,00 €
	Bruttorechnungsbetrag	**714,00 €**

Die Rechnung ist zahlbar bis zum 04.07.20.. mit 3 % Skonto oder bis zum 25.07.20.. ohne Abzug.

Der Buchungssatz für die Ausgangsrechnung lautet:

① Forderungen a. LL 714,00 an Umsatzerlöse für eigene Erzeugnisse 600,00
Umsatzsteuer 114,00

Überweist der Händler den Rechnungsbetrag erst nach dem 04.07, muss er den vollen Rechnungsbetrag an den Hersteller überweisen. In diesem Fall weist der Buchungssatz keine Besonderheiten auf und ist uns schon längst vertraut.

Buchungssatz: Bank an Forderungen a. LL 714,00

Bezahlt der Händler bis zum 04.07, darf er 3 % Skonto vom Rechnungsbetrag abziehen und überweist nur 714,00 € - 714,00 € • 3 % = 714,00 € - 21,42 € = 692,58 €. Die Forderung des Herstellers in Höhe von 714,00 € erlischt aber dennoch komplett, da der Händler ja den korrekten Betrag überwiesen hat. Der auf den Warenwert entfallende Skontobetrag wird (wie alle Preisnachlässe im Absatzbereich) auf dem Unterkonto Erlösberichtigungen gebucht. Da sich dadurch der Umsatz reduziert, muss auch hier wieder die Umsatzsteuer korrigiert werden.

Gesamter Skontobetrag	119 %	~ 21,42 €
Erlösberichtigungen	100 %	~ x

$$x = \frac{21{,}42\text{ €} \cdot 100\,\%}{119\,\%} = 18{,}00\text{ €}$$

Umsatzsteuerkorrektur = 21,42 € - 18,00 € = 3,42 €

② Buchungssatz:

Erlösberichtigungen eigene Erzeugnisse	18,00			
Umsatzsteuer	3,42			
Bank	692,58	an	Forderungen a. LL	714,00

Nach der Buchung der Geschäftsvorfälle ① und ② sehen die Konten wie folgt aus:

S	Forderungen a. LL		H
①	714,00	②	714,00

S	Umsatzerlöse für eigene Erzeugnisse		H
		①	600,00

S	Bank		H
②	692,58		

S	Umsatzsteuer		H
②	3,42	①	114,00

S	Erlösberichtigungen eigene Erzeugnisse		H
②	18,00		

Wie wir bereits vom vorherigen Kapitel kennen, werden die Erlösberichtigungen zum Periodenende auf das betreffende Umsatzkonto umgebucht:

S	Erlösberichtigungen eigene Erzeugnisse		H
②	18,00	③	**18,00**

S	Umsatzerlöse für eigene Erzeugnisse		H
③	**18,00**	①	600,00

③ Buchungssatz:

Umsatzerlöse für eigene Erzeugnisse an Erlösberichtigungen eigene Erzeugnisse 18,00

11 Die Nebenbücher

Einige Sachkonten, die wir bisher kennengelernt haben, müssen in der Praxis weiter untergliedert werden.

Beispiel: Ein Kunde überweist zum Ausgleich einer Rechnung 800 €.

Buchungssatz bisher: Bank an Forderungen a. LL 800

Durch die Buchung wird zwar der Gesamtwert der ausstehenden Forderungen a. LL aktualisiert. Das Unternehmen muss aber doch wissen, welcher Kunde seine Rechnung bezahlt hat und welche Kunden dem Unternehmen noch Geld schulden. Genauso verhält es sich mit den Verbindlichkeiten a. LL. Natürlich reicht es nicht aus, wenn das Unternehmen nur weiß, wie viel Geld es seinen Lieferanten insgesamt schuldet; es muss die Verbindlichkeiten gegenüber jedem einzelnen Lieferanten kennen. Aus diesem Grund wird für jeden einzelnen Kunden und jeden Lieferanten ein extra Personenkonto geführt.

Der Buchhalter bezeichnet Kundenkonten als **Debitorenkonten** und spricht bei Lieferantenkonten von **Kreditorenkonten**. Debitoren- und Kreditorenkonten ergeben zusammen das Kontokorrentbuch.

Beispiel:

Ein Kunde mit der Debitoren-Kontonummer 10340 überweist zum Ausgleich einer Rechnung 800 €.

Buchungssatz: Bank an Debitor 10340 800 €

Anmerkung:

In der Praxis haben alle Konten eine Kontennummer. Durch ein klar strukturiertes Nummernsystem wird die Übersichtlichkeit erhöht. Außerdem lassen sich Zahlen schneller eintragen als (lange) Kontenbezeichnungen.

Weitere Nebenbuchhaltungen (Nebenbücher) sind insbesondere die Lagerbuchhaltung, Anlagenbuchhaltung sowie die Lohn- und Gehaltsbuchhaltung.

12 Jahresabschluss

12.1 Bewertung des Vermögens

Nachdem das Vermögen durch die Inventur nach Art und Menge erfasst wurde, muss es bewertet werden. Hierfür kommen grundsätzlich folgende Werte in Frage:

- die ursprünglichen Anschaffungs- oder Herstellungskosten,
- die fortgeschriebenen Anschaffungs- oder Herstellungskosten (Anschaffungs- oder Herstellungskosten verringert um die planmäßigen Abschreibungen),
- der Wert des Vermögensgegenstandes am Bilanzstichtag (z. B. Marktpreis bzw. Börsenkurs am Bilanzstichtag).

Aus dem allgemeinen Vorsichtsprinzip (siehe Kapitel B 1.2 Grundsätze ordnungsgemäßer Buchführung) lässt sich das **Niederstwertprinzip** ableiten.

Beim Umlaufvermögen gilt das **strenge Niederstwertprinzip**:

Die Vermögensgegenstände müssen jeweils mit dem niedrigsten der 3 oben aufgelisteten alternativen Werte angesetzt werden.

Beispiele:

- Ein Rohstoff wurde für 670 € je Tonne eingekauft. Liegt der Marktpreis am Bilanzstichtag bei nur noch 590 € je Tonne, wird der Rohstoffvorrat mit 590 €/Tonne bewertet.
- Bei einem anderen Rohstoff sind die Einkaufspreise inzwischen stark gestiegen. Dennoch wird der Rohstoffvorrat mit den ursprünglichen Anschaffungskosten bewertet.

Beim Anlagevermögen gilt das **gemilderte Niederstwertprinzip**:

Da Anlagegüter längerfristig im Unternehmen verbleiben, macht hier auch eine längerfristige Betrachtung Sinn. Deshalb wird danach unterschieden, ob bei realistischer Betrachtung nur von einer vorübergehenden oder von einer dauerhaften Wertminderung auszugehen ist:

- Bei voraussichtlich dauerhafter Wertminderung **muss** auch bei Gütern des Anlagevermögens der niedrigere Tageswert angesetzt werden. Umgesetzt wird dies durch außerplanmäßige Abschreibungen.
- Ist die Wertminderung voraussichtlich nur vorübergehend, **darf** nur bei Finanzanlagen der niedrigere Tageswert angesetzt werden. Bei allen anderen Gütern des Anlagevermögens dürfen keine außerplanmäßigen Abschreibungen vorgenommen werden.

Beispiele:

- Ein Grundstück wurde für 300.000 € gekauft, der Marktwert liegt inzwischen bei 380.000 €. Da es sich bei einem Grundstück um ein nicht abnutzbares Anlagegut handelt, wird es auch nicht abgeschrieben. Die Wertobergrenze stellen in diesem Fall die ursprünglichen Anschaffungskosten dar, das Unternehmen bilanziert das Grundstück mit 300.000 €.
- Eine Maschine wurde für 100.000 € angeschafft und bisher mit insgesamt 40.000 € abgeschrieben, so dass ihr Restbuchwert bzw. die fortgeführten Anschaffungskosten 60.000 € betragen. Aufgrund einer Beschädigung verliert die Maschine dauerhaft an Wert, zum Bilanzstichtag beträgt der realistische Wert nur noch 55.000 €. Das Unternehmen muss eine außerplanmäßige Abschreibung vornehmen und die Maschine mit 55.000 € in der Bilanz ausweisen.
- Bei einer Finanzanlage kommt es zu einer Wertminderung, die voraussichtlich nur vorübergehend ist. Hier kann das Unternehmen frei wählen, ob es die Finanzanlage mit den ursprünglichen Anschaffungskosten oder dem niedrigeren Tageswert bewertet.

12.2 Rückstellungen

Rückstellungen sind Positionen auf der Passivseite der Bilanz. Sie werden gebildet für Verbindlichkeiten oder Aufwendungen, die hinsichtlich ihres Entstehens oder der Höhe ungewiss sind, aber zumindest mit ausreichender Wahrscheinlichkeit erwartet werden können. Die Rückstellungen gehören damit zum Fremdkapital und dürfen nicht verwechselt werden mit den Rücklagen (z. B. Gewinnrücklagen), die zum Eigenkapital zählen.

Nach § 249 (1) HGB müssen Rückstellungen insbesondere für ungewisse Verbindlichkeiten (z. B. zu erwartende Steuernachzahlungen, Prozesskosten, Pensionsverpflichtungen) gebildet werden.

Der allgemeine Buchungssatz für die Bildung von Rückstellungen lautet:

Aufwandskonto an Rückstellungskonto

Konkretes Beispiel:

Das Unternehmen rechnet für das abgelaufene Jahr mit einer Gewerbesteuerzahlung in Höhe von 9.800 €. Erst mit Eingang des Steuerbescheides steht fest, bis zu welchem Termin welcher Betrag an das Finanzamt zu zahlen ist. Es handelt sich also um eine Verbindlichkeit, deren Grund zwar klar ist, die jedoch hinsichtlich Höhe und Zeitpunkt der Zahlung ungewiss ist.

Buchungssatz: Gewerbesteuer an Steuerrückstellungen 9.800

Durch die Bildung von Rückstellungen wird erreicht, dass Auszahlungen, die erst in der Zukunft erfolgen, jetzt schon erfolgsmindernd als Aufwand gebucht werden können. Dadurch wird jeweils die Periode mit Aufwand belastet, in der auch die wirtschaftliche Ursache für den Aufwand liegt.

Die Höhe der Rückstellungen wird nach vernünftiger kaufmännischer Beurteilung festgelegt. Tritt in einem späteren Jahr das Ereignis ein, für das die Rückstellung gebildet wurde und ist der nun tatsächliche zu zahlende Betrag größer (kleiner) als der Rückstellungsbetrag, wird ein zusätzlicher Aufwand (Ertrag) gebucht.

C Kosten- und Leistungsrechnung

1 Grundlagen der Kosten- und Leistungsrechnung

1.1 Abgrenzung zwischen Finanzbuchhaltung und Kosten- und Leistungsrechnung

Da die Finanzbuchhaltung mit dem Jahresabschluss insbesondere Außenstehende (Finanzamt, Gläubiger etc.) informiert, wird sie auch als externes Rechnungswesen bezeichnet und unterliegt umfangreichen gesetzlichen Regelungen. Sie ist unternehmensbezogen; sie erfasst alle Geschäftsvorfälle des Unternehmens und ermittelt das (jährliche) Gesamtergebnis.

Die Hauptaufgabe der Kosten- und Leistungsrechnung besteht darin, das Management bei seinen Planungs- und Entscheidungsprozessen zu unterstützen, indem es die entscheidungsrelevanten Informationen zur Verfügung stellt. Als Bestandteil des internen Rechnungswesens ist sie freiwillig und nicht an gesetzliche Vorgaben gebunden. Die KLR ist betriebsbezogen; sie ermittelt nur das mit der eigentlichen betrieblichen Tätigkeit erzielte Betriebsergebnis (i. d. R. monatlich).

1.2 Aufgaben der Kosten- und Leistungsrechnung

Abgeleitet aus der allgemeinen Informationsaufgabe beschäftigt sich die Kosten- und Leistungsrechnung konkret z. B. mit folgenden Problemstellungen:

- Bestimmung von Preisuntergrenzen
  (Wie hoch muss ein kostendeckender Verkaufspreis mindestens sein?)
- Ermittlung des optimalen Produktionsprogrammes
  (Welche Produkte lohnen sich am meisten?)
- Kurzfristige und detaillierte Erfolgsrechnungen
  (Wie hoch ist das Betriebsergebnis in diesem Monat? Welchen Ergebnisbeitrag liefern die verschiedenen Produkte, Filialen etc.?)
- Kosten- und Wirtschaftlichkeitskontrolle
  (Welche Ursachen haben Abweichungen zwischen den eingetretenen und den geplanten Kosten?)

1.3 Kostenrechnungssysteme

Für die unterschiedlichen Aufgaben der Kosten- und Leistungsrechnung benötigt man verschiedene Kostenrechnungssysteme.

1.3.1 Ist-, Normal- und Plankostenrechnung

Nach dem Zeitbezug der verwendeten Daten unterscheidet man zwischen der

- **Istkostenrechnung**: Zur Ermittlung der Istkosten werden die tatsächlich verbrauchten Mengen mit den tatsächlich angefallenen Preisen multipliziert. Die Istkostenrechnung ermöglicht eine exakte Nachkalkulation der Kosten.
- **Normalkostenrechnung**: Die Normalkostenrechnung schaltet außergewöhnliche und zufällige Ereignisse (z.B. starke Preisschwankungen, Produktionsstörungen) aus, indem sie aus den Istkosten früherer Abrechnungsperioden die durchschnittlichen Kosten berechnet. Die Normalkostenrechnung wird für die Vorkalkulation (Angebotserstellung) eingesetzt. Außerdem ermöglicht sie durch den Vergleich der Normal- mit den Istkosten eine zumindest grobe Wirtschaftlichkeitskontrolle.
- **Plankostenrechnung**: Aufbauend auf den zukünftigen Erwartungen werden die Kosten detailliert im Voraus geplant. Da bei der Ermittlung der Plankosten von einer wirtschaftlichen Durchführung des Leistungsprozesses ausgegangen wird, haben Plankosten Vorgabecharakter. Der Vergleich der Plankosten mit den Ist- und Normalkosten ermöglicht eine genaue Wirtschaftlichkeitskontrolle.

1.3.2 Vollkostenrechnung und Teilkostenrechnung

Abhängig vom Umfang der Kostenzurechnung auf die Kostenträger unterscheidet man zwischen der Vollkosten- und der Teilkostenrechnung:

- Bei der **Vollkostenrechnung** werden alle anfallenden Kosten direkt oder indirekt den einzelnen Kostenträgern zugerechnet.
- In der **Teilkostenrechnung** werden nur die Kosten einem Kostenträger zugerechnet, die von dem betreffenden Kostenträger auch direkt verursacht wurden (z. B. das für die Herstellung eines Produktes verbrauchte Material). Alle anderen Kosten (z. B. die Miete für das Verwaltungsgebäude) werden gesondert in die Erfolgsrechnung übernommen.

1.4 Stufen der Kosten- und Leistungsrechnung

Die Kosten- und Leistungsrechnung vollzieht sich in den folgenden drei Stufen:

1) Die **Kostenartenrechnung** soll die Frage beantworten, welche Kosten in welcher Höhe in einer Periode angefallen sind.
2) Die **Kostenstellenrechnung** beschäftigt sich mit der Frage, in welcher Höhe in den verschiedenen Kostenstellen (z. B. Abteilungen) Kosten angefallen sind.
3) Die **Kostenträgerrechnung** soll ermitteln, in welcher Höhe die verschiedenen Kostenträger (Produkte, Aufträge etc.) Kosten verursacht haben.

2 Kostenartenrechnung

In der Kostenartenrechnung werden alle in der Abrechnungsperiode angefallenen Kosten erfasst und nach verschiedenen Kriterien gegliedert.

2.1 Abgrenzungsrechnung

Unter **Kosten** versteht man den Wert aller verbrauchten Güter und Dienstleistungen zur betrieblichen Leistungserstellung innerhalb einer Periode.

Die Definition der Kosten ist dem Aufwandsbegriff sehr ähnlich. Im Gegensatz zur Finanzbuchhaltung ist die KLR jedoch betriebsbezogen und freiwillig; entsprechend spielen gesetzliche Vorschriften und steuerliche Aspekte keine Rolle. Stattdessen soll die KLR dem Management realistische Informationen liefern. Daraus resultieren einige Unterschiede zwischen Aufwendungen und Kosten, wie das folgende Schaubild zeigt:

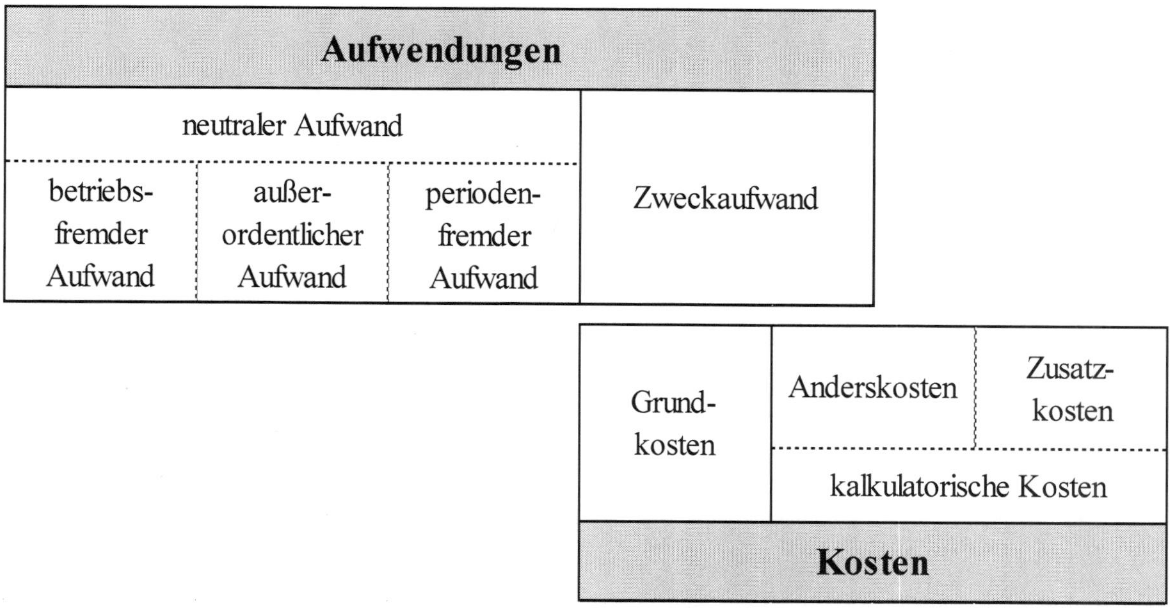

Neutrale Aufwendungen stellen aus verschiedenen Gründen keine Kosten dar:

- **Betriebsfremde Aufwendungen** stehen in keinem Zusammenhang mit dem eigentlichen Betriebszweck und werden deshalb auch nicht in die betriebsbezogene Kostenrechnung übernommen. Beispiele: eine anonyme Spende, eine Softwarefirma erleidet mit Börsenspekulationen Verluste.
- **Außerordentliche Aufwendungen** fallen zwar grundsätzlich im Rahmen des betrieblichen Leistungsprozesses an, jedoch nur einmalig oder sehr unregelmäßig. In die Kostenrechnung werden nur die Aufwendungen eingehen, die auch normalerweise anfallen und damit kalkulierbar bzw. berechenbar sind. Beispiele: Unfallschaden am Firmenwagen, Verkauf des alten Firmenwagens unter dem Buchwert.
- Bei **periodenfremden Aufwendungen** liegt die Ursache ihrer Entstehung nicht in der aktuellen Periode. Beispiele: Muss ein Unternehmen im Monat April für das abgelaufene Jahr Gewerbesteuer nachzahlen, stellt diese Zahlung keine Kosten des Monats April dar. Überweist das Unternehmen im Januar 2.400 € Jahresbeitrag für eine betriebliche Versicherung, so werden als Versicherungskosten für den Januar lediglich 200 € (2.400 € : 12) verrechnet.

In der Praxis fallen die meisten Aufwendungen regelmäßig im Rahmen des betrieblichen Leistungsprozesses an und werden deshalb auch unverändert als Kosten übernommen. Solche aufwandsgleichen Kosten werden als **Grundkosten** bezeichnet. Beispiele: Überweisung der Miete und Gehälter für den laufenden Monat.

Die **kalkulatorischen Kosten** lassen sich in Anders- und Zusatzkosten untergliedern:

- Den **Anderskosten** stehen zwar Aufwendungen in der Finanzbuchhaltung gegenüber, jedoch unterscheiden sich die jeweiligen Werte. Man spricht deshalb auch von aufwandsungleichen Kosten. Zu den Anderskosten gehören die
    - kalkulatorischen Abschreibungen,
    - kalkulatorischen Zinsen und
    - kalkulatorischen Wagnisse.
- **Zusatzkosten** steht überhaupt kein Aufwand in der Finanzbuchhaltung gegenüber. Solche aufwandslosen Kosten fallen an, wenn die Kostenrechnung einen betriebsbedingten Werteverzehr erfassen möchte, den die Finanzbuchhaltung aufgrund gesetzlicher Vorschriften nicht buchen darf. Zusatzkosten sind
    - der kalkulatorische Unternehmerlohn und
    - die kalkulatorische Miete.

Leistungen erfassen den Wert der im Rahmen des betrieblichen Leistungsprozesses erbrachten Güter und Dienstleistungen einer Periode.

Für die Unterscheidung zwischen den Erträgen und den Leistungen gelten dieselben Überlegungen wie bei den Aufwendungen und Kosten, wie das folgende Schaubild deutlich macht:

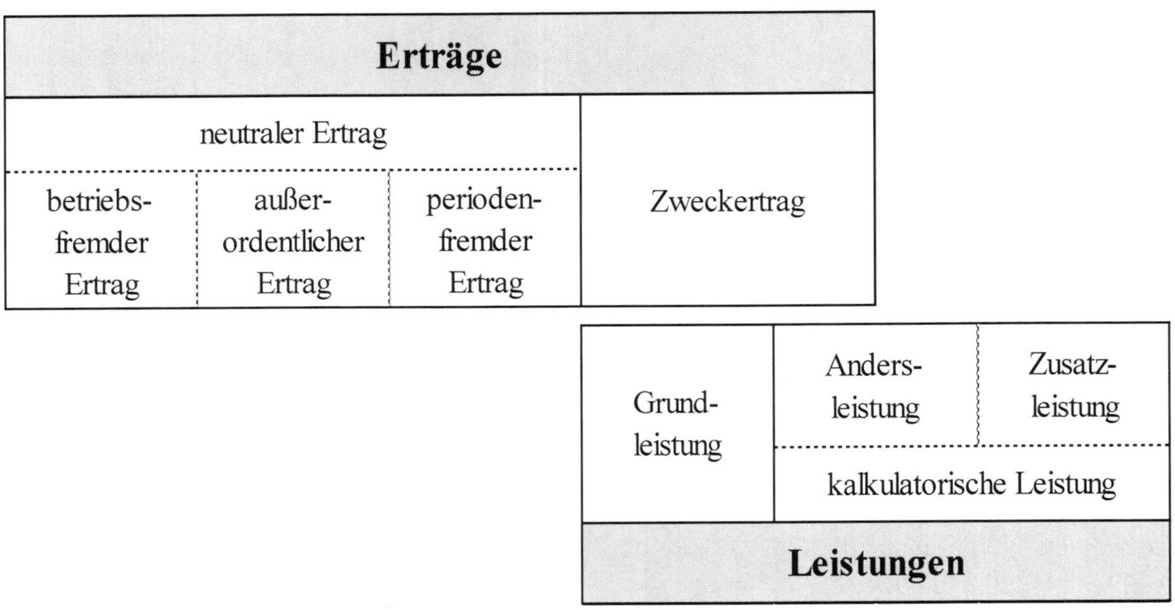

Neutrale Erträge werden nicht in die interne Leistungsrechnung übernommen:

- **Betriebsfremde Erträge** stehen in keinem Zusammenhang mit dem eigentlichen Betriebszweck. Beispiele: Miet- und Zinserträge für ein Elektrogeschäft.
- **Außerordentliche Erträge** fallen zwar grundsätzlich im Rahmen des betrieblichen Leistungsprozesses an, jedoch nur einmalig oder sehr unregelmäßig. Beispiele: Verkauf einer Maschine über dem Buchwert, Gläubiger verzichten auf Teile ihrer Forderungen.
- Bei **periodenfremden Erträgen** liegt die Ursache ihrer Entstehung nicht in der aktuellen Periode. Beispiele: eine Steuerrückerstattung für das vergangene Geschäftsjahr, eine bereits ausgebuchte Forderung wird doch noch bezahlt.

Normalerweise können die wichtigsten Erträge eines Unternehmens auch unverändert in die Leistungsrechnung übernommen werden. Solche **Grundleistungen** sind z.B. die Umsatzerlöse für eigene Erzeugnisse oder Waren.

Die **kalkulatorischen Leistungen** lassen sich in Anders- und Zusatzleistungen untergliedern:

- Den **Andersleistungen** stehen zwar Erträge in der Finanzbuchhaltung gegenüber, jedoch unterscheiden sich die jeweiligen Werte. Beispiele: Bestandsveränderungen bei den unfertigen oder fertigen Erzeugnissen werden in der Buchführung anders bewertet als in der Kosten- und Leistungsrechnung.
- **Zusatzleistungen** steht überhaupt kein Ertrag in der Finanzbuchhaltung gegenüber. Beispiel: Vom Unternehmen selbst entwickelte und genutzte Patente, wenn deren Wert nicht in der Finanzbuchhaltung erfasst werden darf.

In der Praxis haben die kalkulatorischen Kosten eine wesentlich größere Bedeutung als die kalkulatorischen Leistungen. Wir werden deshalb in den folgenden Kapiteln nur auf die Berechnung der kalkulatorischen Kosten näher eingehen.

2.2 Einfache Ergebnistabelle

Die Abgrenzung zwischen Aufwendungen und Kosten sowie Erträgen und Leistungen kann mithilfe der Ergebnistabelle erfolgen. Wählen wir zunächst ein überschaubares Beispiel ohne Berücksichtigung der kalkulatorischen Kosten.

Erläuterungen zur Ergebnistabelle auf der nächsten Seite

Der Rechnungskreis 1 enthält das Gewinn- und Verlustkonto in Tabellenform. Alle Aufwendungen und Erträge werden nun daraufhin überprüft, ob sie betriebsfremd, periodenfremd oder außerordentlich sind. Trifft auch nur eines dieser Kriterien zu, wird der betreffende Aufwand/Ertrag in die Spalte neutraler Aufwand/neutraler Ertrag eingetragen:

- Die Mieterträge und die Erträge aus Finanzanlagen sind betriebsfremde Erträge und damit neutrale Erträge. Es gehört nicht zum eigentlichen Betriebszweck eines Büromöbelherstellers mit der Vermietung von Räumen oder mit Finanzanlagen Gewinne zu erzielen.
- Im Gehaltsaufwand ist eine Gehaltsvorauszahlung in Höhe von 2.000 € enthalten. Die Gehaltsvorauszahlung stellt periodenfremden und damit neutralen Aufwand dar. Nur der restliche Gehaltsaufwand wird als Kosten übernommen.
- Verluste aus dem Abgang von Vermögensgegenständen fallen an, wenn Anlagegüter unter ihrem Restbuchwert verkauft werden. In diesem Fall beruht der Verlust darauf, dass in den vorherigen Jahren die Abschreibungen (Wertminderungen) falsch geschätzt wurden. Es handelt sich hierbei um einen außerordentlichen Aufwand.

Trifft keines der 3 Kriterien zu, werden die betreffenden Aufwendungen als Kosten übernommen und die betreffenden Erträge in die Spalte Leistungen eingetragen. Im Folgenden werden nur die Positionen besprochen, die vermutlich nicht so leicht verständlich sind:

- Umsatzerlöse für Waren stellen Leistungen dar, da es durchaus normal ist, dass ein Industrieunternehmen sein Produktionsprogramm durch zugekaufte Waren ergänzt.
- Die meisten Unternehmen können ihre hergestellten Produkte nicht immer sofort komplett verkaufen. Ein Mehrbestand an fertigen Erzeugnissen gehört damit zum normalen Betriebsgeschehen.
- Sofern angemietete Räume betrieblich genutzt werden, stellen die Mietaufwendungen gleichzeitig auch Mietkosten dar (obwohl die Mieterträge zu den neutralen Erträgen gehören).

Ergebnistabelle der Büromöbelfabrik Kunze & Partner KG in EUR						
Finanzbuchhaltung (= Rechnungskreis 1)			Kosten- und Leistungsrechnung (= Rechnungskreis 2)			
Finanzbuchhaltung			Abgrenzungsbereich unternehmensbezogene Abgrenzungen		Kosten- und Leistungsrechnung	
Konten	Aufwendungen	Erträge	neutrale Aufwendungen	neutrale Erträge	Kosten	Leistungen
Umsatzerlöse für eigene Erzeugnisse		920.000				920.000
Umsatzerlöse für Waren		84.000				84.000
Mehrbestand an fertigen Erzeugnissen		17.000				17.000
Mieterträge		900		900		
Erträge aus Finanzanlagen		1.200		1.200		
Aufwendungen für Rohstoffe	140.000				140.000	
Aufwendungen für Waren	73.000				73.000	
Löhne	308.000				308.000	
Gehälter	129.000		2.000		127.000	
Mietaufwand	6.800				6.800	
Verluste aus dem Abgang von Vermögensgegenständen	11.700		11.700			
Summe	668.500	1.023.100	13.700	2.100	654.800	1.021.000
Ergebnisse	354.600			11.600	366.200	
Kontrollsumme	1.023.100	1.023.100	13.700	13.700	1.021.000	1.021.000

Das **Gesamtergebnis** im Rechnungskreis 1 muss dem Gesamtergebnis im Rechnungskreis 2 entsprechen. Kontrolle:

Gesamtgewinn im Rechnungskreis 1		**354.600**
Neutraler Verlust	-11.600	
Betriebsgewinn	366.200	
Gesamtgewinn im Rechnungskreis 2	- 11.600 + 366.200 =	**354.600**

Die Ergebnistabelle weist nicht nur das Gesamtergebnis aus, sondern zeigt auch auf, wie es sich zusammensetzt. Zur Beurteilung der Wirtschaftlichkeit muss ein Unternehmen wissen, welchen Einfluss Sondereinflüsse hatten (**neutrales Ergebnis**) und welches Ergebnis im Rahmen des eigentlichen Betriebszweckes (**Betriebsergebnis**) angefallen ist.

2.3 Erfassung der kalkulatorischen Kosten

2.3.1 Kalkulatorische Abschreibungen

Im Kapitel B 6 haben wir bereits kennengelernt, dass Abschreibungen die jährliche Wertminderung des abnutzbaren Anlagevermögens erfassen. Die Berechnung der Abschreibungen erfolgt in der Buchhaltung auf der Grundlage der gesetzlichen Vorschriften und steuerlicher Aspekte; dies spielt bei der internen Kostenermittlung keine Rolle. Daraus ergeben sich die folgenden Unterschiede:

Abschreibungsaufwand (bilanzielle Abschreibung)	**Abschreibungskosten** (kalkulatorische Abschreibung)
• alle abnutzbaren Anlagegüter werden abgeschrieben • ausgehend von den Anschaffungs- oder Herstellungskosten (netto) • Abschreibung bis zum Erinnerungswert von 1 € • gesetzlich vorgeschriebene Abschreibungsmethoden, insbesondere lineare Abschreibung	• nur die betriebsnotwendigen, abnutzbaren Anlagegüter werden abgeschrieben • ausgehend von den Wiederbeschaffungswerten (netto) • Abschreibung so lange die Nutzung erfolgt • lineare oder leistungsabhängige Abschreibung

Erklärungen:

- Da die KLR grundsätzlich nur das betriebliche Geschehen erfasst, werden in der KLR auch nur die betrieblich eingesetzten Anlagegüter abgeschrieben.
- Will ein Unternehmen langfristig überleben, muss es zumindest kostendeckende Preise verlangen. Die Kosten sollten dabei so berechnet werden, dass allein über kostendeckende Preise (also auch ohne Gewinn) die Substanz des Unternehmens erhalten bleibt. Dies ist jedoch nur dann der Fall, wenn über die Umsatzerlöse so hohe Abschreibungsbeträge zurückfließen, dass damit nach Ablauf der Nutzungsdauer das abgeschriebene Anlagegut trotz Inflation neu gekauft werden kann. Aus diesem Grund werden in der KLR die Abschreibungen auf der Basis der Wiederbeschaffungswerte berechnet.
- Jedes Anlagegut, das genutzt wird, verliert an Wert. Da Kosten den betriebsbedingten Werteverzehr erfassen sollen, werden Anlagegüter auch so lange abgeschrieben, wie sie genutzt werden.
- Die kalkulatorischen Abschreibungen sollen die Wertminderung der Anlagegüter möglichst realistisch erfassen. In der Praxis wählt man häufig die lineare Abschreibung; hierbei wird eine gleichmäßige Nutzung des Anlagegutes unterstellt. Bei sehr ungleichmäßiger Nutzung bietet sich eine leistungsabhängige Abschreibung an.

Beispiel 1 (lineare Abschreibung):

Eine Maschine wurde für 50.000 € netto angeschafft. Der Neupreis liegt inzwischen bei 54.000 € netto. Die Nutzungsdauer laut AfA-Tabelle beträgt 10 Jahre. Intern wird die Nutzungsdauer auf 8 Jahre geschätzt. Der Betrieb geht davon aus, dass die Maschine nach 8 Jahren noch für 8.000 € netto verkauft werden kann. Ermitteln Sie die bilanzielle und die kalkulatorische Abschreibung pro Jahr, wenn von einer gleichmäßigen Nutzung ausgegangen wird.

$$\text{Bilanzielle Abschreibung} = \frac{\text{Anschaffungskosten}}{\text{Nutzungsdauer laut AfA-Tabelle}} = \frac{50.000\ €}{10\ \text{Jahre}} = 5.000\ €/\text{Jahr}$$

$$\text{Kalkulatorische Abschreibung} = \frac{\text{WBW - Restwert}}{\text{geschätzte Nutzungsdauer}} = \frac{54.000\,€ - 8.000\,€}{8\ \text{Jahre}} = 5.750\ €/\text{Jahr}$$

Anmerkung: Der Wiederbeschaffungswert (WBW) entspricht dem aktuellen Preis (Neupreis).

Beispiel 2 (leistungsabhängige Abschreibung):

Ein Geschäftswagen den wir für 50.000 € netto gekauft haben, kostet inzwischen 55.000 € netto. Im abgelaufenen Jahr haben wir den Pkw 45.000 Kilometer gefahren. Die Gesamtleistung schätzen wir auf 220.000 Kilometer.

$$\text{Kalkulatorische Abschreibung (für das abgelaufene Jahr)} = \frac{55.000\,€ \cdot 45.000\ \text{km}}{220.000\ \text{km}} = 11.250\ €$$

2.3.2 Kalkulatorische Zinsen

Die kalkulatorischen Zinsen werden nach folgendem Schema ermittelt:

	betriebsnotwendiges Anlagevermögen
+	betriebsnotwendiges Umlaufvermögen
=	betriebsnotwendiges Vermögen
-	Abzugskapital
=	betriebsnotwendiges (kostenverursachendes) Kapital
•	kalkulatorischer Zinssatz
=	kalkulatorische Zinsen

In der Finanzbuchhaltung dürfen nur die für Kredite tatsächlich gezahlten Zinsen als Zinsaufwand gebucht werden. In der Kostenrechnung wird hingegen bei der Berechnung der kalkulatorischen Zinsen auch das Eigenkapital berücksichtigt. Begründung: Jeder Unternehmer könnte sein Eigenkapital statt in das eigene Unternehmen auch verzinst anlegen. Diese entgangenen Zinsgewinne soll der Kunde aber genauso über kostendeckende Preise wiedererstatten wie die tatsächlich gezahlten Fremdkapitalzinsen. Kosten im Sinne eines entgangenen Nutzens werden in der Kostenrechnung als Opportunitätskosten bezeichnet.

Für die Kostenrechnung ist also die Mittelherkunft (Eigen- oder Fremdkapital) egal; entscheidend ist allein, dass das Kapital betrieblichen Zwecken dient. Die Passivseite der Bilanz gibt hierüber jedoch keine Auskunft. Deshalb geht man einen Umweg und ermittelt das betriebsnotwendige Vermögen. In einem ersten Schritt werden die auf der Aktivseite der Bilanz ausgewiesenen Vermögenspositionen entfernt, die nicht betriebsnotwendig sind. Beispiele: Spekulationszwecken dienende Wertpapiere, stillgelegte Anlagen, ein Handelsunternehmen vermietet nicht mehr benötigte Räume.

Die verbliebenen Positionen müssen nun bewertet werden. Das nicht abnutzbare Anlagevermögen (z.B. Grundstücke) wird mit dem aktuellen Wiederbeschaffungswert angesetzt und das abnutzbare Anlagevermögen (z.B. Maschinen) mit dem kalkulatorischen Restwert (aktueller Wiederbeschaffungswert – kalkulatorische Abschreibungen).

Beim stark schwankenden Umlaufvermögen geht man von Durchschnittswerten der Periode aus. Das Ergebnis stellt das betriebsnotwendige Vermögen dar. In dieser Höhe wird grundsätzlich auch Kapital für betriebliche Zwecke benötigt.

Ein Teil des Fremdkapitals wird dem Unternehmen jedoch zinslos zur Verfügung gestellt und wird deshalb bei der Berechnung der Zinskosten auch nicht berücksichtigt. Zu diesem Abzugskapital gehören z.B. unverzinste Kundenanzahlungen und Lieferantenkredite.

Die kalkulatorischen Zinsen ergeben sich nun, indem man das betriebsnotwendige (kostenverursachende) Kapital mit dem derzeit am langfristigen Kapitalmarkt üblichen Zinssatz multipliziert.

2.3.3 Kalkulatorische Wagnisse

Jede unternehmerische Tätigkeit ist mit Risiken verbunden. Das allgemeine Unternehmerwagnis (Konjunktureinbrüche, Gesetzesänderungen etc.) betrifft das Unternehmen als Ganzes. Da dieses Risiko nur schlecht abschätzbar ist, wird es nicht in der KLR erfasst, sondern muss über den in guten Jahren erzielten Gewinn abgedeckt werden.

Im Gegensatz zum allgemeinen Unternehmerwagnis lassen sich einzelne Risiken, die mit der Erstellung und dem Vertrieb der betrieblichen Leistungen verbunden sind, anhand von Erfahrungswerten relativ gut abschätzen bzw. kalkulieren.

In der KLR werden z. B. folgende kalkulatorische Wagnisse erfasst:

- Entwicklungswagnis, z. B. die Entwicklung eines neuen Arzneimittels wird erfolglos eingestellt.
- Fertigungswagnis, z. B. Erzeugnisse müssen wegen Mängeln nachgearbeitet werden.
- Anlagewagnis, z. B. Maschinenschaden.
- Vertriebswagnis, z. B. Forderungsausfälle.

Die beschriebenen einzelnen Risiken unterliegen zufälligen Schwankungen. Es ist eben purer Zufall, ob eine Forderung Ende Januar ausfällt oder erst Anfang Februar. Da Informationen, die auf Zufallsschwankungen beruhen, wenig brauchbar sind, geht die KLR von Durchschnittswerten aus.

Beispiel:

Jahr	Umsatz	Forderungsausfälle
1	823.050 €	40.340 €
2	798.000 €	38.670 €
3	632.200 €	31.830 €
4	758.650 €	38.980 €
5	800.100 €	40.780 €
Summe	3.812.000 €	190.600 €

$$\text{Kalkulatorischer Wagnissatz (in \%)} = \frac{190.600\ €}{3.812.000\ €} \cdot 100 = 5\ \%$$

Im Durchschnitt der letzten 5 Jahre betrugen die Forderungsausfälle 5 % der Umsätze. Wenn das Unternehmen im nächsten Monat mit einem Umsatz von 74.000 € plant, wird es Forderungsausfälle in Höhe von 5 % • 74.000 € = 3.700 € einkalkulieren.

Durch Versicherungen abgedeckte Risiken werden nicht als kalkulatorische Wagnisse erfasst, da in diesem Fall die regelmäßig zu zahlenden und als Aufwand gebuchten Versicherungsbeiträge einfach als Kosten übernommen werden können.

2.3.4 Kalkulatorischer Unternehmerlohn

In Kapitalgesellschaften werden die Geschäfte von angestellten Geschäftsführern (GmbH) oder Vorstandsmitgliedern (AG) geführt. Deren Gehalt wird als Gehaltsaufwand gebucht und kann unverändert als Grundkosten in die Kostenrechnung übernommen werden. Für die Arbeitsleistung von geschäftsführenden Gesellschaftern einer Personengesellschaft oder eines Einzelunternehmers kann hingegen kein steuerlich abzugsfähiger Gehaltsaufwand geltend gemacht werden. Trotzdem stellt deren Arbeitsleistung einen betrieblichen Werteverzehr dar, der in der internen Kostenrechnung erfasst werden soll. Zu diesem Zweck setzt man für die unternehmerische Arbeitsleistung einen sogenannten kalkulatorischen Unternehmerlohn an, dessen Höhe sich an den Gehältern leitender Angestellter in vergleichbaren Positionen (gleiche Branche, ähnliche Unternehmensgröße etc.) orientiert. Bei diesen Zusatzkosten handelt es sich also um einen fiktiven Betrag, dem weder eine tatsächliche Zahlung noch ein Aufwand gegenübersteht.

2.3.5 Kalkulatorische Miete

Wenn ein Einzelunternehmer sein Gewerbe in der eigenen Immobilie ausübt, zahlt er natürlich keine Miete. Dieser betriebsbedingte Werteverzehr wird über eine kalkulatorische Miete erfasst, deren Höhe aus dem örtlichen Mietspiegel abgeleitet werden kann. Auch hier handelt es sich um einen fiktiven Betrag, dem weder eine tatsächliche Zahlung noch ein Aufwand gegenübersteht. Die gleiche Vorgehensweise wird gewählt, wenn Gesellschafter einer Personengesellschaft private Räume unentgeltlich für betriebliche Zwecke zur Verfügung stellen.

2.4 Erweiterte Ergebnistabelle

Fallen kalkulatorische Kosten an, stehen im Rechnungskreis 1 und 2 nicht mehr dieselben Werte. Damit am Ende trotzdem eine Kontrolle der Ergebnisse möglich ist, muss die Ergebnistabelle um 2 zusätzliche Spalten, die „kostenrechnerischen Korrekturen", erweitert werden. Hier werden die zwischen dem Rechnungskreis 1 und dem Rechnungskreis 2 abweichenden Beträge erfasst.

Ergebnistabelle der Büromöbelfabrik Kunze & Partner KG in EUR								
Finanzbuchhaltung (= Rechnungskreis 1)			Kosten- und Leistungsrechnung (= Rechnungskreis 2)					
Finanzbuchhaltung			Abgrenzungsbereich				Kosten- und Leistungsrechnung	
			unternehmensbezogene Abgrenzungen		kostenrechnerische Korrekturen			
Konten	Aufwendungen	Erträge	neutrale Aufwendungen	neutrale Erträge	betriebsbezogener Aufwand laut Fibu	verrechnete Kosten	Kosten	Leistungen
Umsatzerlöse für eigene Erzeugnisse		890.000						890.000
Minderbestand an fertigen Erzeugnissen	14.000						14.000	
Erträge aus dem Abgang von Vermögensgegenständen		3.200		3.200				
Zinserträge		2.600		2.600				
Aufwendungen für Rohstoffe	135.000						135.000	
Löhne	298.000						298.000	
Gehälter	117.000						117.000	
Sozialabgaben	74.000						74.000	
Abschreibungen	80.000				80.000	95.000	95.000	
Mietaufwand	6.400						6.400	
Zinsaufwendungen	10.200				10.200	13.500	13.500	
kalkulatorischer Unternehmerlohn						8.000	8.000	
Summe	734.600	895.800	0	5.800	90.200	116.500	760.900	890.000
Ergebnisse	161.200		5.800		26.300		129.100	
Kontrollsumme	895.800	895.800	5.800	5.800	116.500	116.500	890.000	890.000

Kontrolle		
Gesamtgewinn im Rechnungskreis 1		**161.200**
Neutraler Gewinn	5.800 + 26.300 = 32.100	
Betriebsgewinn	129.100	
Gesamtgewinn im Rechnungskreis 2	32.100 + 129.100 =	**161.200**

Erläuterungen:

- Bei einem Minderbestand an fertigen Erzeugnissen wurden Produkte dem Lager entnommen und verkauft. Der Wert des Lagers ist damit gesunken. Dieser betriebsbedingte Werteabfluss stellt Aufwand und Kosten dar.
- Der Einsatz von Personal ist betriebsnotwendig und damit auch alle Aufwendungen die üblicherweise im Zusammenhang mit dem Personaleinsatz anfallen; also nicht nur die Löhne und Gehälter, sondern auch die damit verbundenen Sozialabgaben (Arbeitgeberbeiträge zur Rentenversicherung etc.).
- Der in der Buchhaltung unter Berücksichtigung der gesetzlichen Vorschriften errechnete und gebuchte Abschreibungsaufwand beträgt 80.000 €; dieser Betrag wird wie gewohnt in die Spalte „Aufwendungen" eingetragen. Die Kosten- und Leistungsrechnung, die keinen gesetzlichen Vorschriften unterliegt, schätzt hingegen die realistische Wertminderung der Anlagegüter auf 95.000 €. Die 95.000 € stellen die kalkulatorischen Abschreibungen dar und werden in die Spalte „Kosten" eingetragen. Da in diesem Fall die Werte im Rechnungskreis 1 und 2 nicht übereinstimmen, müssen die Korrekturspalten ausgefüllt werden. Der in der Spalte „Aufwendungen" ausgewiesene Wert wird in die Spalte „betriebsbezogener Aufwand laut Fibu" übernommen und der in der Spalte „Kosten" eingetragene Betrag wird in die Spalte „verrechnete Kosten" übernommen.
- Auch bei den kalkulatorischen Zinsen handelt es sich um Anderskosten, die Zinskosten stimmen also nicht mit dem Zinsaufwand überein. Deshalb müssen auch hier die Korrekturspalten ausgefüllt werden, nach demselben Prinzip wie oben bei den Abschreibungen beschrieben.
- Der kalkulatorische Unternehmerlohn gehört zu den Zusatzkosten, den Kosten steht kein Aufwand gegenüber. Da folglich die Werte im Rechnungskreis 1 und 2 nicht übereinstimmen, müssen auch hier wieder die Korrekturspalten ausgefüllt werden. In den Spalten „Aufwendungen" und „betriebsbezogener Aufwand laut Fibu" steht nichts oder eine 0.

2.5 Gliederung der Kosten

Für die verschiedenen Aufgaben der KLR müssen die Kosten nach unterschiedlichen Kriterien gegliedert werden.

2.5.1 Gliederung nach der Art der verbrauchten Produktionsfaktoren

Die Gliederung nach der Art der verbrauchten Produktionsfaktoren kennen Sie bereits von den Aufwandskonten, nur dass jetzt noch die kalkulatorischen Kosten hinzukommen. Nach dieser Gliederung ergeben sich die folgenden Kostenartengruppen und Kostenarten:

- Werkstoffkosten: Roh-, Hilf- und Betriebsstoffkosten
- Personalkosten: Löhne, Gehälter, Sozialabgaben etc.
- Dienstleistungskosten: Versicherungsprämien, Frachtkosten, Rechtsberatungskosten etc.
- Zwangsabgaben: Steuern, Gebühren etc.
- Kalkulatorische Kosten: Anders- und Zusatzkosten (siehe oben)

2.5.2 Zurechenbarkeit der Kosten zu den Kostenträgern

Nach ihrer Zurechenbarkeit zu Kostenträgern unterscheidet man zwischen Einzel- und Gemeinkosten.

Einzelkosten lassen sich einem bestimmten Kostenträger (Produkt, Dienstleistung, Auftrag) direkt zurechnen.

Beispiele:

- Materialeinzelkosten: Anhand von Stücklisten oder Rezepturen lässt sich planen, welche Rohstoffe oder Bauteile für ein bestimmtes Produkt benötigt werden. Der tatsächliche Verbrauch wird z. B. über Materialentnahmescheine erfasst.
- Fertigungseinzelkosten: Bei den Fertigungslöhnen (Akkordlöhnen) wird genau erfasst, wie viel Zeit die verschiedenen Arbeitskräfte zur Herstellung eines bestimmten Produktes benötigen und welcher Lohngruppe sie angehören bzw. wie hoch ihr Stundensatz ist.
- Die Sondereinzelkosten der Fertigung lassen sich einem bestimmten Auftrag oder einer Serie gleichartiger Produkte zuordnen. Hierzu gehören z. B. Kosten für Werkzeuge und Schablonen, die nur für einen Auftrag benötigt werden.
- Zu den Sondereinzelkosten des Vertriebes gehören alle auftragsweise erfassbaren Vertriebskosten, wie z. B. spezielle Versandverpackungen, Vertriebsprovisionen und Frachtkosten.

Gemeinkosten lassen sich einem bestimmten Kostenträger nicht direkt zurechnen.

Beispiele: Betriebsstoffkosten, Gehälter, Miete, Abschreibungen auf die Maschinen etc.

2.5.3 Verhalten der Kosten bei Beschäftigungsänderungen

Fixe Kosten fallen unabhängig von der Beschäftigungssituation (Ausbringungsmenge) stets in gleicher Höhe an.

Beispiele:

- Ein Händler muss jeden Monat die im Mietvertrag vereinbarte Miete bezahlen, unabhängig davon, ob er in einem Monat viele oder wenige Kunden hatte.
- Der Buchhalter eines Industriebetriebes erhält unabhängig von der Produktionsmenge jeden Monat dasselbe Gehalt.

Variable Kosten ändern sich mit der Höhe der Beschäftigung, sie sind abhängig von der Ausbringungsmenge.

Beispiele:

- Je mehr Produkte ein Industriebetrieb herstellt, desto höher sind auch sein Rohstoffverbrauch bzw. seine Rohstoffkosten.
- Mit steigendem Umsatz werden auch höhere Vertriebsprovisionen fällig.

Mischkosten weisen sowohl fixe als auch variable Kostenbestandteile auf.

Beispiel:

Die Stromkosten sind zum Teil variabel (wird mehr produziert, laufen die Maschinen länger und verbrauchen mehr Strom) und teilweise fix (der Strombedarf für die Beleuchtung in den Büros ist unabhängig von der Absatz- oder Produktionsmenge).

Einzelkosten fallen pro Leistungseinheit (z. B. pro Stück) an und sind damit immer auch variable Kosten.

Bei den Gemeinkosten kann es sich hingegen um fixe-, variable- oder Mischkosten handeln.

Beispiele:

- Die Miete stellt gleichzeitig Gemeinkosten und fixe Kosten dar.
- Der Stromverbrauch für eine Maschine auf der verschiedene Produkte hergestellt werden, stellt variable Kosten dar; je länger die Maschinen laufen, desto größer ist der Stromverbrauch. Sofern es dem Betrieb zu umständlich ist, den Stromverbrauch für jedes Produkt getrennt zu erfassen, handelt es sich dabei dennoch um Gemeinkosten.

Anmerkung:

Ob es sich bei Kosten um fixe oder um variable Kosten handelt, hängt nicht davon ab, ob der betreffende Preis sich häufig ändert oder längere Zeit konstant bleibt. Selbstverständlich wird ein Vermieter beispielsweise im Laufe der Jahre auch die Miete immer wieder erhöhen. Da die Miete nach der Mieterhöhung wieder unabhängig von der Beschäftigungssituation Monat für Monat in gleicher Höhe anfällt, handelt es sich bei der Miete trotzdem um fixe Kosten. Durch die Mieterhöhung haben sich die fixen Kosten eben erhöht. Umgekehrt stellen die Rohstoffkosten für einen Industriebetrieb variable Kosten dar, selbst wenn die Rohstoffpreise monatelang konstant bleiben. Denn auch bei konstanten Preisen werden die Rohstoffkosten mit der Produktionsmenge ansteigen.

Das unterschiedliche Verhalten der fixen und variablen Kosten auf Beschäftigungsänderungen lässt sich auch grafisch darstellen. Hierzu gehen wir von folgendem Beispiel aus:

Rechenbeispiel					
Ausbringungsmenge im Monat	0 Stück	100 Stück	200 Stück	300 Stück	400 Stück
Fixkosten pro Monat	20.000 €	20.000 €	20.000 €	20.000 €	20.000 €
Fixkosten pro Stück	-	200 €	100 €	67 €	50 €
Variable Kosten pro Stück	40 €	40 €	40 €	40 €	40 €
Variable Kosten pro Monat	0 €	4.000 €	8.000 €	12.000 €	16.000 €
Gesamtkosten pro Monat	20.000 €	24.000 €	28.000 €	32.000 €	36.000 €
Gesamtkosten pro Stück	-	240 €	140 €	107 €	90 €

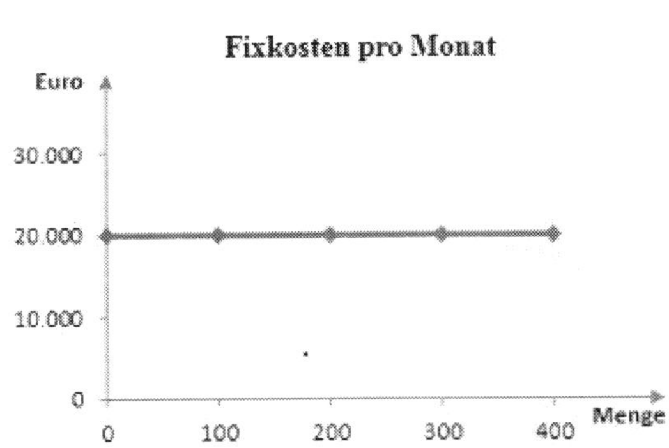

Egal wie viel produziert wird, jeden Monat fallen Fixkosten (z. B. Miete) in gleicher Höhe an.

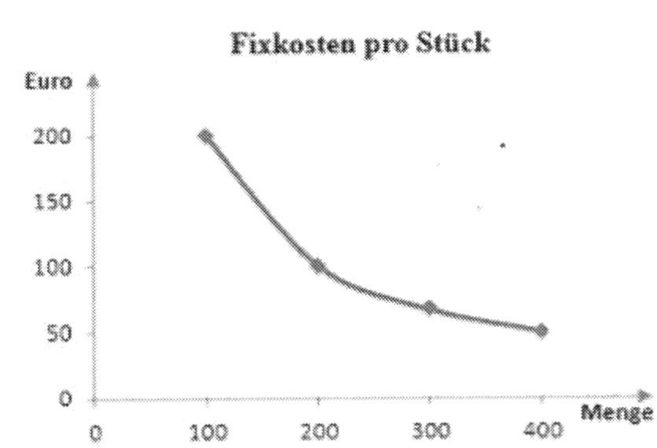

Auf ein Stück umgerechnet, werden die Fixkosten (z. B. Miete) umso kleiner, je höher die Stückzahl ist.

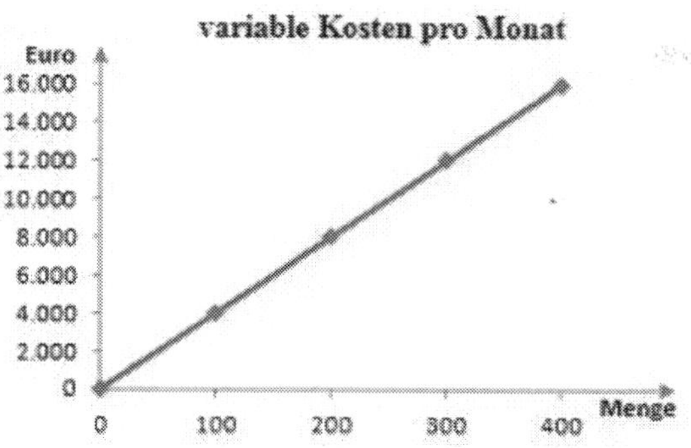

Je höher die Produktionsmenge ist, desto höher sind auch die variablen Kosten (z. B. Rohstoffkosten) insgesamt im Monat.

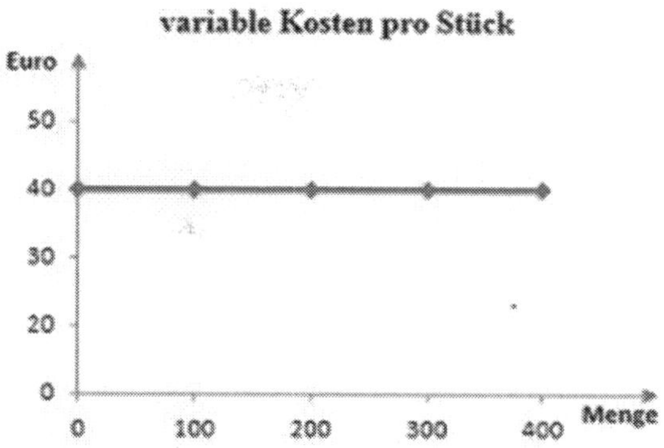

Egal wie hoch die Produktionsmenge ist, pro Stück fallen immer die gleichen variablen Kosten (z. B. Rohstoffkosten) an.

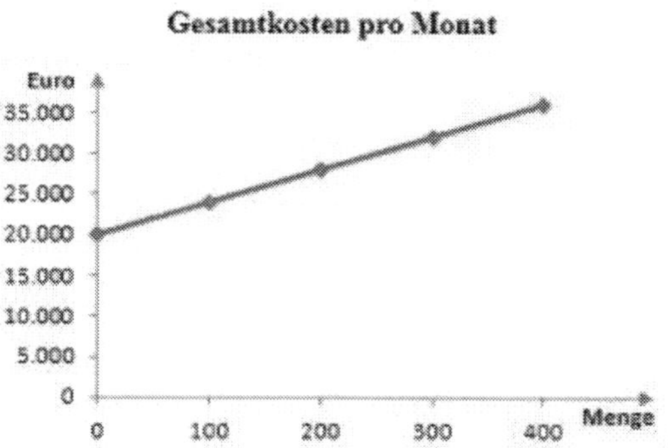

Die Summe aus fixen und variablen Kosten pro Monat ergibt die Gesamtkosten pro Monat. Die Gesamtkostenkurve beginnt folglich immer in Höhe der fixen Kosten und steigt dann aufgrund der variablen Kosten an.

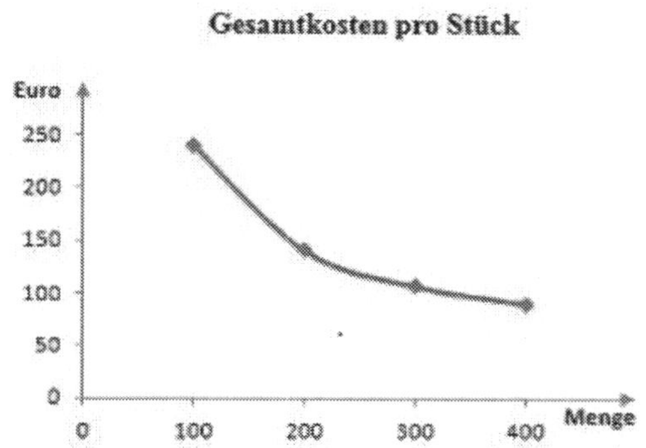

Aufgrund der sinkenden Fixkosten pro Stück sinken auch die Gesamtkosten pro Stück mit zunehmender Stückzahl. Die Kurve tendiert jedoch nicht gegen 0, sondern nähert sich den variablen Stückkosten an.

3 Kostenstellenrechnung

3.1 Aufgaben der Kostenstellenrechnung

Die Gemeinkosten können nicht direkt in die Kostenträgerrechnung übernommen werden; sie werden stattdessen indirekt mithilfe von Prozentsätzen den einzelnen Kostenträgern zugerechnet. Diese Prozentsätze, Zuschlagssätze genannt, werden in der Kostenstellenrechnung ermittelt. Dies geschieht, indem man die Summe der Gemeinkosten, die in einer Kostenstelle angefallen sind, zu einer festgelegten Basis ins Verhältnis setzt. Als Basis dienen insbesondere die Einzelkosten. Die Kostenstellenrechnung dient damit der Vorbereitung der Kostenträgerrechnung und stellt das Bindeglied zwischen der Kostenarten- und der Kostenträgerrechnung dar.

Die Kostenstellenrechnung dient außerdem der Kostenkontrolle. Nur wenn bekannt ist, in welchem Unternehmensbereich die Kosten sich positiv oder negativ entwickeln, kennt man auch die Verantwortlichen dafür.

3.2 Bildung von Kostenstellen

Eine Kostenstelle ist jeder betriebliche Bereich für den die Kosten separat geplant, erfasst und kontrolliert werden.

Für die Kostenkontrolle ist es wichtig, dass die Kostenstellen mit den Zuständigkeitsbereichen im Unternehmen übereinstimmen. Schließlich kann man einen Kostenstellenleiter nicht für die Entwicklung von Kosten verantwortlich machen, wenn er die Kosten gar nicht beeinflussen kann. Deshalb orientiert man sich bei der Bildung von Kostenstellen vor allem an der Organisationsstruktur des Unternehmens.

Für einen Industriebetrieb sind die folgenden Kostenbereiche, die sich aus den Funktionsbereichen des Unternehmens ableiten, typisch: Material, Fertigung, Vertrieb, Verwaltung.

Vor allem für größere Unternehmen ist diese Unterteilung viel zu grob. Für eine genauere Kostenkontrolle und Kalkulation kann jeder Kostenbereich nach Tätigkeiten oder räumlichen Kriterien weiter untergliedert werden:

Kostenbereiche (nach Funktionen)	Kostenstellen (Untergliederung nach Tätigkeiten)
Materialbereich:	z. B. Einkauf, Warenannahme und Kontrolle, Eingangslager
Fertigungsbereich:	z. B. Arbeitsvorbereitung, Dreherei, Fräserei, Montage
Verwaltungsbereich:	z. B. Unternehmensleitung, EDV-Abteilung, Buchhaltung
Vertriebsbereich:	z. B. Werbung, Auftragsbearbeitung, Versandlager

Die Untergliederung der Kostenstellen in Haupt- und Hilfskostenstellen bzw. End- und Vorkostenstellen wird im Kapitel C 3.4 besprochen.

3.3 Der Betriebsabrechnungsbogen

3.3.1 Der einstufige Betriebsabrechnungsbogen

Tabellarisch wird die Kostenstellenrechnung mithilfe des Betriebsabrechnungsbogens (BAB) durchgeführt. Wir beschränken uns zunächst auf die einfachste Form des Betriebsabrechnungsbogens mit lediglich 4 Kostenstellen; die 4 Kostenbereiche werden also nicht weiter untergliedert.

Betriebsabrechungsbogen (BAB) März in EUR					
Kostenstellen / 1) Gemeinkosten	Betrag	Material	Fertigung	Verwaltung	Vertrieb
2) Gehälter	89.100	13.000	23.700	31.350	21.050
2) Abschreibungen	19.000	1.000	15.000	2.000	1.000
3) Miete	7.000	350	5.600	630	420
3) Zinsen	6.800	800	4.100	1.200	700
Strom	5.440	440	4.320	320	360
Hilfsstoffe	63.160	0	63.160	0	0
Werbekosten	9.350	0	0	0	9.350
Steuern	12.600	1.200	7.600	2.500	1.300
4) Summe	212.450	16.790 MGK	123.480 FGK	38.000 VwGK	34.180 VtGK
5) Zuschlagsgrundlagen		238.000 MEK	44.100 FEK	428.070 HK d. U.	428.070 HK d. U.
6) Zuschlagssätze		7,05%	280,00%	8,88%	7,98%

Verteilungsschlüssel	Summe	Material	Fertigung	Verwaltung	Vertrieb
Miete: Quadratmeter	1.000	50	800	90	60
Zinsen: gebundenes Kapital	816.000	96.000	492.000	144.000	84.000
Strom: kWh	27.200	2.200	21.600	1.600	1.800
Steuern: Verhältniszahlen	126	12	76	25	13

Erläuterungen:

1) Als Erstes werden alle Gemeinkosten aus der Kostenartenrechnung (Spalte „Kosten" der Ergebnistabelle) übernommen und aufgelistet.

2) Anschließend werden die Gemeinkosten auf die Kostenstellen verteilt. Im Idealfall stehen dem Betrieb hierfür genaue Daten zur Verfügung. Beispiele: Aus den Gehaltslisten ist erkennbar, in welcher Kostenstelle die verschiedenen Mitarbeiter arbeiten und was sie verdienen. Der Anlagendatei lassen sich für jede Kostenstelle die Abschreibungen entnehmen.

3) Sind keine exakten Informationen vorhanden, erfolgt die Verteilung der betreffenden Gemeinkostenart anhand eines geeigneten Verteilungsschlüssels, z. B. Miete nach Quadratmetern und Zinsen entsprechend dem gebundenen Kapital. Der Rechenweg ist dabei stets gleich: Der Kostenbetrag wird durch die Summe des Verteilungsschlüssels geteilt und das Ergebnis mit der jeweiligen Verhältniszahl der Kostenstelle multipliziert.

   Beispiel Miete:
   7.000 € : 1.000 m^2 = 7 €/m^2 → 7 €/m^2 • 50 m^2 = 350 €;
   7 • 800 = 5.600 €; 7 • 90 = 630 €; 7 • 60 = 420 €;

   Beispiel Zinsen:
   6.800 € : 816.000 € • 96.000 € = 800 €; 6.800 : 816.000 • 492.000 = 4.100 € usw.

4) Sind alle Gemeinkosten verteilt, wird für jede Kostenstelle die Summe gebildet. So erhält man die Materialgemeinkosten (MGK), die Fertigungsgemeinkosten (FGK), die Verwaltungsgemeinkosten (VwGK) und die Vertriebsgemeinkosten (VtGK).

5) Gemeinkosten lassen sich nicht direkt den einzelnen Kostenträgern zurechnen. Um sie wenigstens indirekt auf die verschiedenen Kostenträger aufteilen zu können, werden geeignete Verteilungsgrundlagen benötigt. Im Rahmen der Zuschlagskalkulation, die wir hier vorrangig besprechen, werden die Verteilungsgrundlagen Zuschlagsgrundlagen genannt. Als Zuschlagsgrundlage dienen für die Materialgemeinkosten die Materialeinzelkosten (MEK) und für die Fertigungsgemeinkosten die Fertigungseinzelkosten (FEK). Gemeinsame Zuschlagsgrundlage für die Verwaltungs- und Vertriebsgemeinkosten sind die Herstellkosten des Umsatzes (HK d. U.), die mithilfe des Kalkulationsschemas (siehe unten) erst errechnet werden müssen.
6) Zur Ermittlung der **Zuschlagssätze** werden die Gemeinkosten durch die jeweilige Zuschlagsgrundlage geteilt. Da es sich bei den Zuschlagssätzen um Prozentsätze handelt, werden die Ergebnisse noch mit Hundert multipliziert.

Im folgenden Kapitel werden wir die Auswahl und Errechnung der Zuschlagsgrundlagen nochmals genauer behandeln.

3.3.2 Auswahl und Errechnung der Zuschlagsgrundlagen

Die Materialgemeinkosten werden üblicherweise auf der Basis der Materialeinzelkosten verteilt. Bei den Materialeinzelkosten handelt es sich um die Aufwendungen für Rohstoffe (Fertigungsmaterial). Dahinter steckt die Annahme, dass Produkte mit hohen Materialeinzelkosten, also einem wertmäßig hohen Materialverbrauch, auch hohe Materialgemeinkosten verursachen.
Addiert man die Materialeinzelkosten und die Materialgemeinkosten erhält man die Materialkosten.

Als Zuschlagsgrundlage für die Fertigungsgemeinkosten bieten sich die Fertigungseinzelkosten an. Bei den Fertigungslöhnen (Akkordlöhnen) wird genau erfasst, an welchem Produkt oder Auftrag ein Arbeiter wie lange arbeitet. Bei den Gehältern erfolgt hingegen keine produkt- oder auftragsbezogene Zeiterfassung (es wird lediglich erfasst, wie lange ein Arbeitnehmer am Tag und im Monat insgesamt gearbeitet hat). Folglich entsprechen die Fertigungslöhne den Fertigungseinzelkosten, während es sich bei den Gehältern um Gemeinkosten handelt.
Die Summe aus Fertigungseinzelkosten und Fertigungsgemeinkosten ergibt die Fertigungskosten.

Die Verteilung der Vertriebsgemeinkosten erfolgt in der Regel anhand der Herstellkosten. Dies ist die Summe aus Material- und Fertigungskosten. Hierbei wird davon ausgegangen, dass Produkte mit hohen Herstellkosten auch hohe Vertriebsgemeinkosten verursachen. Materialkosten und Fertigungskosten ergeben zusammen die Herstellkosten für die produzierten Erzeugnisse (= Herstellkosten der Erzeugung). Da die Vertriebsgemeinkosten natürlich nur für die verkauften Produkte anfallen, stellen die Herstellkosten für die verkaufte Menge (= Herstellkosten des Umsatzes) die sinnvolle Zuschlagsgrundlage dar.

Stimmen Produktions- und Absatzmenge überein, gibt es keinen Unterschied zwischen den Herstellkosten der Erzeugung und den Herstellkosten des Umsatzes.
Wurden in einer Periode weniger Erzeugnisse verkauft als hergestellt, dann sind auch die Herstellkosten des Umsatzes niedriger als die Herstellkosten der Erzeugung. Der Wert der im Lager verbleibenden Produkte (Mehrbestand) muss deshalb von den Herstellkosten der Erzeugung abgezogen werden, um die Herstellkosten des Umsatzes zu erhalten.

Wenn zusätzlich zu den hergestellten Erzeugnissen auch noch Produkte aus dem Lager verkauft wurden, dann sind die Herstellkosten des Umsatzes höher als die Herstellkosten der Erzeugung. Der Wert der aus dem Lager entnommenen Produkte (Minderbestand) muss deshalb zu den Herstellkosten der Erzeugung addiert werden, um die Herstellkosten des Umsatzes zu erhalten.

Mehr- oder Minderbestände bei den unfertigen Erzeugnissen werden auf dieselbe Weise berücksichtigt.

Die Verteilung der Verwaltungsgemeinkosten erfolgt meistens aus Gründen der Vereinfachung ebenfalls anhand der Herstellkosten des Umsatzes.

Nr.	Rechnung	**Kalkulation der Herstellkosten in EUR**	
1		Materialeinzelkosten (MEK)	238.000
2		Materialgemeinkosten (MGK)	16.790
3	1 + 2	Materialkosten (MK)	254.790
4		Fertigungseinzelkosten (FEK)	44.100
5		Fertigungsgemeinkosten (FGK)	123.480
6	4 + 5	Fertigungskosten (FK)	167.580
7	3 + 6	Herstellkosten der Erzeugung (HK d. E.)	422.370
8		Minderbestand	8.000
9		Mehrbestand	2.300
10	7 + 8 - 9	Herstellkosten des Umsatzes (HK d. U.)	428.070

3.3.3 Der erweiterte Betriebsabrechnungsbogen

Das folgende Beispiel zeigt anhand des Fertigungsbereiches auf, wie der Betriebsabrechnungsbogen und die darauf aufbauende Kalkulation sich ändern, wenn Kostenbereiche in mehrere Kostenstellen untergliedert werden.

Betriebsabrechungsbogen (BAB) März in EUR						
Kostenstellen / Gemeinkosten	Betrag	Material	Fertigung 1	Fertigung 2	Verwaltung	Vertrieb
Gehälter	89.100	13.000	6.200	17.500	31.350	21.050
Abschreibungen	19.000	1.000	3.900	11.100	2.000	1.000
Miete	7.000	350	1.500	4.100	630	420
Zinsen	6.800	800	1.200	2.900	1.200	700
Strom	5.440	440	1.100	3.220	320	360
Hilfsstoffe	63.160	0	14.800	48.360	0	0
Werbekosten	9.350	0	0	0	0	9.350
Steuern	12.600	1.200	1.800	5.800	2.500	1.300
Summe	212.450	16.790	30.500	92.980	38.000	34.180
Zuschlagsgrundlagen		238.000	9.000	35.100	428.070	428.070
Zuschlagssätze		7,05%	338,89%	264,90%	8,88%	7,98%

Kalkulation der Herstellkosten in EUR		
	Materialeinzelkosten	238.000
+	Materialgemeinkosten	16.790
=	Materialkosten	254.790
	Fertigungseinzelkosten 1	9.000
+	Fertigungsgemeinkosten 1	30.500
=	Fertigungskosten 1	39.500
	Fertigungseinzelkosten 2	35.100
+	Fertigungsgemeinkosten 2	92.980
=	Fertigungskosten 2	128.080
=	Herstellkosten der Erzeugung	422.370
+	Minderbestand	8.000
-	Mehrbestand	2.300
=	Herstellkosten des Umsatzes	428.070

Anmerkung:
Da der Fertigungsbereich in 2 Kostenstellen untergliedert wurde, müssen im Kalkulationsschema auch beide Fertigungsstellen aufgelistet werden.

Alle bisher betrachteten Kostenstellen waren Endkostenstellen (Hauptkostenstellen):

- Für jede Endkostenstelle wird im Betriebsabrechnungsbogen ein Zuschlagssatz ermittelt.
- Jede Endkostenstelle wird auch im Kalkulationsschema aufgeführt.

3.4 Der mehrstufige Betriebsabrechnungsbogen

In Vorkostenstellen werden Leistungen erbracht, die nur sehr indirekt der eigentlichen Absatzleistung (Produkt, Auftrag) dienen und die deshalb auch nicht direkt in das Kalkulationsschema übernommen werden. Damit dennoch in der Kalkulation keine Kosten unberücksichtigt bleiben, werden die dort angefallenen Kosten auf die Endkostenstellen weiterverrechnet (umgelegt).

Bei den Vorkostenstellen handelt es sich entweder um Allgemeine Kostenstellen oder Fertigungshilfsstellen:

- Allgemeine Kostenstellen erbringen Leistungen für mehrere Kostenbereiche. Beispielsweise wird der Fuhrpark üblicherweise sowohl vom Vertrieb als auch von der Verwaltung genutzt. In die Küche gehen vermutlich Mitarbeiter aus allen Kostenbereichen essen.
- In den Fertigungshilfsstellen wird im Gegensatz zu den Fertigungshauptstellen nicht direkt am Produkt gearbeitet. Anders als die Allgemeinen Kostenstellen erbringen Fertigungshilfsstellen Leistungen nur für den Fertigungsbereich. Beispiele: Arbeitsvorbereitung, Werkzeuglager.

Die Weiterverrechnung (Umlage) der Kosten der Vorkostenstellen auf die Endkostenstellen kann unterschiedlich erfolgen. Wir beschränken uns im Folgenden auf das bekannteste Verfahren, das **Stufenleiterverfahren**. Beim Stufenleiterverfahren werden die Gemeinkosten der Vorkostenstellen Stufe für Stufe, von links nach rechts, verteilt. Hierzu müssen die Vorkostenstellen erst einmal sinnvoll im Betriebsabrechnungsbogen angeordnet werden. Im Idealfall steht an erster Stelle eine Vorkostenstelle, die von keiner anderen Vorkostenstelle Leistungen empfängt. Danach sollte eine Vorkostenstelle stehen, die möglichst nur von der ersten Vorkostenstelle Leistungen empfängt usw.

Betriebsabrechungsbogen (BAB) März in EUR									
Kostenstellen / Gemeinkosten	Betrag	Fuhrpark	Küche	Material	Arbeits-vorbe-reitung	Fertigung 1	Fertigung 2	Verwal-tung	Vertrieb
Gehälter	91.500	0	0	13.000	2.400	6.200	17.500	31.350	21.050
Abschreibungen	22.600	1.400	900	1.000	1.300	3.900	11.100	2.000	1.000
Miete	7.740	80	180	350	480	1.500	4.100	630	420
Zinsen	7.840	290	290	800	460	1.200	2.900	1.200	700
Strom	6.190	0	400	440	350	1.100	3.220	320	360
Hilfsstoffe	63.160	0	0	0	0	14.800	48.360	0	0
Werbekosten	9.350	0	0	0	0	0	0	0	9.350
Steuern	12.940	40	0	1.200	300	1.800	5.800	2.500	1.300
1) Summe 1	221.320	1.810	1.770	16.790	5.290	30.500	92.980	38.000	34.180
2) Umlage Fuhrpark			2	238	0	0	0	912	658
3) Summe 2			1.772	17.028	5.290	30.500	92.980	38.912	34.838
4) Umlage Küche				164	33	197	689	295	394
Summe 3				17.192	5.323	30.697	93.669	39.207	35.232
5) Umlage Arbeitsvorb.						1.597	3.726		
6) Summe 4				17.192		32.294	97.395	39.207	35.232
Zuschlagsgrundlagen				238.000		9.000	35.100	434.681	434.681
Zuschlagssätze				7,22%		358,82%	277,48%	9,02%	8,11%

Umlageschlüssel	Summe							
Fuhrpark: Kilometer	3.574	4	470	0	0	0	1.800	1.300
Küche: Mitarbeiter	54		5	1	6	21	9	12
Arbeitsvorbereitung: Schlüssel	100				30	70		

Erläuterungen:

1) Bis zur Bildung der 1. Summe geht man beim mehrstufigen Betriebsabrechnungsbogen genauso vor wie beim einstufigen Betriebsabrechnungsbogen.

2) Die Umlage des Fuhrparks erfolgt anhand interner Aufzeichnungen. Jede Kostenstelle, die den Fuhrpark benutzt hat, muss die gefahrenen Kilometer aufschreiben. Der Rechenweg ist der gleiche wie bei der Verteilung der Gemeinkosten. Die Kosten des Fuhrparks werden geteilt durch die Summe der gefahrenen Kilometer und das Ergebnis anschließend multipliziert mit der Kilometerzahl der jeweiligen Kostenstelle:

   1.810 € : 3.574 km • 4 km = 2 €;
   1.810 : 3.574 • 470 = 238 €; 1.810 : 3.574 • 1.800 = 912 €; 1.810 : 3.574 • 1.300 = 658 €

3) Damit bei der Kostenumlage keine Kosten verloren gehen, muss vor jeder weiteren Umlage zuerst die Zwischensumme gebildet werden.

4) Für die Umlage der Küche bietet sich die Mitarbeiterzahl als Umlageschlüssel an. Rechenweg wie oben:

   1.772 € : 54 Mitarbeiter • 5 Mitarbeiter = 164 €; 1.772 : 54 • 1 = 33 € usw.

5) Da es sich bei der Arbeitsvorbereitung um eine Fertigungshilfsstelle handelt, werden die Gesamtkosten der Arbeitsvorbereitung in Höhe von 5.323 € nur auf den Fertigungsbereich umgelegt. Mit Hilfe einer Zeitanalyse wurde festgestellt, dass die Arbeitsvorbereitung zu 30 % mit der Fertigung 1 und zu 70 % mit der Fertigung 2 beschäftigt ist. Rechnung: 5.323 € : 100 • 30 = 1.597 €; 5.323 : 100 • 70 = 3.726 €

6) Nachdem alle Vorkostenstellen umgelegt wurden, werden für alle Endkostenstellen die endgültigen Summen gebildet. Wie im einstufigen BAB werden anschließend die Gemeinkosten (Summe 4) durch die betreffenden Zuschlagsgrundlagen geteilt und so die Zuschlagssätze ermittelt.

Da die Kosten der Vorkostenstellen komplett auf die Endkostenstellen weiter verrechnet wurden, tauchen im Kalkulationsschema auch nur die Endkostenstellen auf:

Kalkulation der Herstellkosten in EUR	
Materialeinzelkosten	238.000
+ Materialgemeinkosten	17.192
= Materialkosten	255.192
Fertigungseinzelkosten 1	9.000
+ Fertigungsgemeinkosten 1	32.294
= Fertigungskosten 1	41.294
Fertigungseinzelkosten 2	35.100
+ Fertigungsgemeinkosten 2	97.395
= Fertigungskosten 2	132.495
= Herstellkosten der Erzeugung	428.981
+ Minderbestand	8.000
- Mehrbestand	2.300
= Herstellkosten des Umsatzes	434.681

Anmerkung: Wir gehen in diesem Beispiel aufgrund der zusätzlichen Vorkostenstellen auch von höheren Kosten aus, als in den Beispielen zuvor.

4 Kostenträgerrechnung (auf Vollkostenbasis)

In der Kostenträgerrechnung gibt es eine produktbezogene und eine periodenbezogene Betrachtung:

Die **Kostenträgerstückrechnung**, auch **Kalkulation** genannt, ermittelt die Stückkosten für die erbrachten Leistungen: Welcher Kostenträger (Produkt, Auftrag, Dienstleistung) hat Kosten in welcher Höhe verursacht?
Die **Kostenträgerzeitrechnung** erfasst, welche Kosten insgesamt in einer Periode für die verschiedenen Kostenträger angefallen sind.

4.1 Kostenträgerstückrechnung

Für die Kostenträgerstückrechnung gibt es verschiedene Verfahren. Welches Kalkulationsverfahren angewandt wird, hängt im Industriebetrieb vor allem von der Fertigungsart ab. Die Handelskalkulation unterscheidet sich wiederum grundlegend von der Industriekalkulation.

4.1.1 Divisionskalkulation

Stellt ein Betrieb nur ein einziges Produkt in Massenfertigung her, werden folglich auch alle Kosten nur von diesem einen Produkt verursacht. Die Selbstkosten pro Einheit (Stück, Liter, Tonne etc.) lassen sich dann durch eine einfache Division errechnen.

Beispiel 1:

In einem Zementwerk sind im Monat Februar für die Herstellung und den Verkauf von 40.000 Tonnen Zement Kosten in Höhe von 776.000 € angefallen.

Selbstkosten je Tonne = 776.000 € : 40.000 t = 19,40 €/t

Die Rechnung wird geringfügig komplizierter, wenn die Absatzmenge nicht mit der Produktionsmenge übereinstimmt, es also zu einem Aufbau oder Abbau von Lagerbeständen kommt. In diesem Fall müssen die Herstellkosten durch die hergestellte Menge (Produktionsmenge) und die Vertriebskosten durch die vertriebene Menge (Absatzmenge) geteilt werden. Da sowohl die Herstellung als auch der Vertrieb der Produkte Verwaltungstätigkeiten verursacht, werden die Verwaltungskosten dem Herstellbereich und/oder dem Vertriebsbereich zugeordnet.

Beispiel 2:

Unser Zementwerk hat im Monat März 46.000 t Zement hergestellt. 42.000 t wurden verkauft, die restlichen 4.000 t gingen ins Lager. Im März sind folgende Kosten angefallen:

Herstellkosten	477.200 €	
Vertriebskosten	210.000 €	
Verwaltungskosten	168.00 €	(Die Verwaltungskosten werden jeweils zur Hälfte dem Herstell- und dem Vertriebsbereich zugerechnet)

$$\frac{\text{Herstellkosten + anteilige Verwaltungskosten}}{\text{Produktionsmenge}} = \frac{477.200\text{ €} + 84.000\text{ €}}{46.000\text{ t}} = 12{,}20\text{ €/t}$$

$$\frac{\text{Vertriebskosten + anteilige Verwaltungskosten}}{\text{Absatzmenge}} = \frac{210.000\text{ €} + 84.000\text{ €}}{42.000\text{ t}} = 7{,}00\text{ €/t}$$

Selbstkosten pro Tonne = 12,20 € + 7,00 € = 19,20 €/t

4.1.2 Äquivalenzziffernkalkulation

Die Äquivalenzziffernkalkulation wird angewandt, wenn Unternehmen verschiedene Erzeugnisse herstellen, die sich sehr ähnlich sind (Sortenfertigung) und ein festes Kostenverhältnis zueinander aufweisen. Typische Beispiele für eine Sortenfertigung: Eine Brauerei stellt verschiedene Biersorten her, ein Blechwerk produziert Bleche mit unterschiedlicher Dicke.

Für die Kalkulation muss der Betrieb als Erstes die Kostenverhältnisse zwischen den Produkten ermitteln. Dies geschieht durch eine genaue Analyse des Herstellungsprozesses, des Materialverbrauchs etc. Anschließend werden die Kostenverhältnisse in Form von Äquivalenzziffern ausgedrückt.

Der Basissorte wird die Äquivalenzziffer 1 zugeordnet. Mathematisch ist es völlig egal, welche Sorte das ist. In der Praxis wird es meistens die wichtigste Sorte sein. Bei Sorten, die höhere (niedrigere) Kosten verursachen als die Basissorte, sind die Äquivalenzziffern entsprechend größer (kleiner) als 1.

Beispiel:

Eine Schokoladenfabrik stellt 3 Schokoladensorten her. Als Basissorte mit der Äquivalenzziffer 1 wird Sorte B festgelegt. Sorte A verursacht aufgrund teurer Rohstoffe 20 % höhere Kosten als Sorte B, daraus ergibt sich eine Äquivalenzziffer von 1,2 (20 % höher als 1). Sorte C weist hingegen 10 % niedrigere Kosten auf als die Basissorte, die Äquivalenzziffer beträgt 0,9 (10 % niedriger als 1). Im Monat April wurden von Sorte A 20.000 Tafeln, von Sorte B 30.000 Tafeln und von Sorte C 35.000 Tafeln verkauft. Im April sind insgesamt 25.650 € Kosten angefallen.

Sorte	Absatzmengen		Äquivalenzziffern		Recheneinheiten (RE)	Selbstkosten pro Tafel	Selbstkosten insgesamt
A	20.000	•	1,2	=	24.000	0,36 €	7.200 €
B	30.000	•	1	=	30.000	0,30 €	9.000 €
C	35.000	•	0,9	=	31.500	0,27 €	9.450 €
					85.500		25.650 €

Lösungsweg:

1) Die Absatzmengen werden mit den jeweiligen Äquivalenzziffern multipliziert. Dadurch wird berücksichtigt, dass die verschiedenen Sorten nicht nur in unterschiedlicher Menge hergestellt werden, sondern auch unterschiedliche Kosten verursachen.

2) Die so ermittelten Recheneinheiten (RE) können nun zu einer Gesamtrechenmenge aufaddiert werden:

   24.000 + 30.000 + 31.500 = 85.500 RE

3) Der nächste Rechenschritt entspricht im Prinzip der einfachen Divisionskalkulation. Indem man die Gesamtkosten durch die Gesamtrechenmenge teilt, erhält man die Kosten pro Recheneinheit:

   25.650 € : 85.500 RE = 0,30 €/RE

4) Da bei der Basissorte die Absatzmengen mit den Recheneinheiten übereinstimmen, sind hier auch die Kosten pro Recheneinheit und die Kosten pro Tafel identisch. Die im 3. Schritt ermittelten 0,30 € können also sofort bei der Basissorte B als Selbstkosten pro Tafel eingetragen werden.

5) Bei den anderen Sorten erhält man die Selbstkosten pro Tafel, indem man die Kosten pro Recheneinheit bzw. die Kosten der Basissorte mit den Äquivalenzziffern multipliziert und so die Kostenverhältnisse zwischen den Sorten berücksichtigt:

   0,30 €/RE • 1,2 = 0,36 €/Tafel und 0,30 • 0,9 = 0,27 €/Tafel

6) Multipliziert man die Selbstkosten pro Tafel mit der Absatzmenge, erhält man die Selbstkosten insgesamt pro Sorte:

   20.000 Tafeln • 0,36 €/Tafel = 7.200 €; 30.000 • 0,30 = 9.000 €; 35.000 • 0,27 = 9.450 €

4.1.3 Zuschlagskalkulation

Bei der Einzel- oder Serienfertigung werden ganz unterschiedliche Produkte hergestellt, die deutliche Unterschiede im Materialverbrauch und Fertigungsprozess aufweisen. Hier lässt sich die Zuschlagskalkulation anwenden, deren grundsätzliche Vorgehensweise wir bereits in Kapitel C 3.3 bei der Ermittlung der Herstellkosten kennengelernt haben.

Die Zuschlagskalkulation basiert auf der Trennung in Einzel- und Gemeinkosten (siehe Kapitel C 2.5.2). Während die Einzelkosten den Kostenträgern direkt zugerechnet werden können, erfolgt die Verrechnung der Gemeinkosten indirekt mit Hilfe der im Betriebsabrechnungsbogen ermittelten Zuschlagssätze.

Je nachdem, wann die Kalkulation durchgeführt wird, unterscheidet man zwischen der Vorkalkulation und der Nachkalkulation.

Vorkalkulation (Angebotskalkulation)

Bei der Vorkalkulation erfolgt die Ermittlung der Selbstkosten vor der Leistungserstellung. Dies ist beispielsweise notwendig, um bei einer Kundenanfrage einen kostendeckenden Angebotspreis ermitteln zu können. Dabei stellt sich die Frage, welche Zuschlagssätze herangezogen werden sollen. Es macht in diesem Fall wenig Sinn, die Zuschlagssätze aus dem Betriebsabrechnungsbogen des letzten Monats zu nehmen, da dieser völlig untypisch gewesen sein kann. Die einfachste Lösung besteht darin, mit Normalzuschlagssätzen zu rechnen. Normalzuschlagssätze sind die Durchschnittswerte aus den Zuschlagssätzen der vergangenen Monate.

Beispiel:

Die Schmidt & Söhne KG stellt speziell nach Kundenwünschen angefertigte Messgeräte her. Für den Auftrag A389 liegen folgende Daten vor:

Einzelkosten:

- Die aus der Konstruktionszeichnung abgeleitete Stückliste sieht für den Auftrag einen Materialverbrauch im Wert von 12.000 € vor.
- Laut Arbeitsplan fallen Fertigungslöhne in Höhe von 1.400 € an.
- Speziell für diesen Auftrag muss ein Werkzeug für 200 € gekauft werden.
- Mit dem Kunden wurde eine Lieferung frei Haus vereinbart, hierfür sind 162 € Transportkosten einzuplanen.

Normalzuschlagssätze:

Materialgemeinkosten	30 %	Fertigungsgemeinkosten	100 %
Verwaltungsgemeinkosten	15 %	Vertriebsgemeinkosten	18 %

Sonstige Zuschläge:

Gewinnzuschlag	20 %	Vertreterprovision	5 %
Kundenskonto	2 %	Kundenrabatt	10 %

Vorkalkulation mit Normalkosten in EUR

Kalkulationsschema	Abkürzungen	Auftrag A389	Zuschläge	Erläuterungen
Materialeinzelkosten	MEK	12.000,00		1)
+ Materialgemeinkosten	MGK	3.600,00	30%	2)
= Materialkosten	MK	15.600,00		3)
Fertigungseinzelkosten	FEK	1.400,00		4)
+ Fertigungsgemeinkosten	FGK	1.400,00	100%	5)
+ Sondereinzelkosten der Fertigung	SEKF	200,00		6)
= Fertigungskosten	FK	3.000,00		7)
= Herstellkosten	HK	18.600,00		8)
+ Verwaltungsgemeinkosten	VwGK	2.790,00	15%	9)
+ Vertriebsgemeinkosten	VtGK	3.348,00	18%	10)
+ Sondereinzelkosten des Vertriebs	SEKV	162,00		11)
= Selbstkosten	SK	24.900,00		12)
+ Gewinn		4.980,00	20%	13)
= Barverkaufspreis	BVP	29.880,00		14)
+ Vertreterprovision		1.606,45	5%	15)
+ Kundenskonto		642,58	2%	
= Zielverkaufspreis	ZVP	32.129,03		16)
+ Kundenrabatt		3.569,89	10%	17)
= Listenverkaufspreis	LVP	35.698,92		18)

Erläuterungen:

1) Konkrete Beispiele für die Materialeinzelkosten sind in einem Industriebetrieb das Fertigungsmaterial bzw. die Rohstoffkosten; und bei einem Unternehmen, das nach Kundenwünschen EDV-Arbeitsplätze einrichtet, die für den Auftrag eingekauften Hard- und Softwarekomponenten.

2) MGK = MEK • MGK-Normalzuschlagssatz = 12.000 € • 30 % = 3.600 €

3) MK = MEK + MGK = 12.000 € + 3.600 € = 15.600 €

4) Bei den Fertigungseinzelkosten handelt es sich um die Fertigungslöhne bzw. Akkordlöhne.

5) FGK = FEK • FGK-Normalzuschlagssatz = 1.400 € • 100 % = 1.400 €

6) Für die Errechnung der Fertigungsgemeinkosten dienen nur die Fertigungseinzelkosten als Grundlage. Deshalb ist es sinnvoll, die Sondereinzelkosten der Fertigung erst nach den Fertigungsgemeinkosten aufzulisten.

7) FK = FEK + FGK + SEKF = 1.400 € + 1.400 € + 200 € = 3.000 €

8) HK = MK + FK = 15.600 € + 3.000 € = 18.600 €

9) VwGK = HK • VwGK-Normalzuschlagssatz = 18.600 € • 15 % = 2.790 €

10) VtGK = HK • VtGK-Normalzuschlagssatz = 18.600 € • 18 % = 3.348 €

11) Werden keine Sondereinzelkosten angegeben, wie es für einfache Darstellungen oder Aufgaben typisch ist, entfallen die Positionen 6) und 11).

12) SK = HK + VwGK + VtGK + SEKV = 18.600 € + 2.790 € + 3.348 € + 162 € = 24.900 €

13) Der Gewinn wird in Prozent von den Selbstkosten errechnet →

Gewinn = 24.900 € • 20 % = 4.980 €

In Klausuren wird der Gewinnzuschlag (Prozentsatz) üblicherweise vorgegeben. In der Praxis stellt sich hingegen die schwierige Frage, welcher Prozentsatz marktgerecht ist.

14) Barverkaufspreis = SK + Gewinn = 24.900 € + 4.980 € = 29.880 €

15) Für vermittelte Aufträge oder verkaufte Produkte erhalten die Vertreter eine Provision vom Zielverkaufspreis. Gerade im gewerblichen Bereich wird dem Kunden oft ein Preisnachlass angeboten, wenn er innerhalb einer vom Verkäufer bestimmten (kurzen) Frist zahlt. Dieser Preisnachlass, Skonto genannt, wird ebenfalls vom Zielverkaufspreis berechnet. Wenn im Kalkulationsschema Vertreterprovision und Skonto errechnet werden sollen, ist der Zielverkaufspreis jedoch noch gar nicht bekannt, sondern nur der Barverkaufspreis. Da der Zielverkaufspreis die Basis der Berechnung darstellt, entspricht er 100 %. Hiervon werden 2 % Skonto und 5 % Provision abgezogen, so dass der Barverkaufspreis 93 % entspricht. Mit dieser Überlegung lassen sich die beiden Größen mit einfachen Dreisätzen errechnen:

$$\text{Vertreterprovision} = \frac{29.880\ € \cdot 5\ \%}{93\ \%} = 1.606{,}45\ € \qquad \text{Kundenskonto} = \frac{29.880\ € \cdot 2\ \%}{93\ \%} = 642{,}58\ €$$

16) Alle Preisnachlässe und auch die Vertreterprovision verringern den Gewinn. Damit am Ende dennoch der gewünschte Gewinn übrig bleibt, müssen diese Größen in den Verkaufspreis einkalkuliert (aufaddiert) werden:

Zielverkaufspreis = Barverkaufspreis + Vertreterprovision + Kundenskonto = 29.880,00 € + 1.606,45 € + 642,58 € = 32.129,03 €

17) Da Rabatte vom Listenverkaufspreis abgezogen werden, stellt für die Berechnung des Kundenrabattes der Listenverkaufspreis die Basis und damit 100 % dar. In unserem Beispiel werden hiervon 10 % Rabatt abgezogen, so dass jetzt der Zielverkaufspreis 90 % entspricht:

$$\text{Kundenrabatt} = \frac{32.129{,}03\ € \cdot 10\ \%}{90\ \%} = 3.569{,}89\ €$$

18) Listenverkaufspreis (Angebotspreis) für den Auftrag A389 =
Zielverkaufspreis + Kundenrabatt = 32.129,03 € + 3.569,89 € = 35.698,92 €

Nachkalkulation

Die Vorkalkulation erfolgte anhand von Normal- oder Plankosten. Nach Erledigung des Auftrages wird zur Kontrolle eine Nachkalkulation mit den tatsächlich angefallenen Istkosten durchgeführt. Am Kalkulationsschema ändert sich dabei nichts.

Beispiel:

Anhand verschiedener Unterlagen (Eingangsrechnungen, Materialentnahmescheine, Aufzeichnungen der benötigten Arbeitszeit) lassen sich die Einzelkosten für den Auftrag A389 genau ermitteln:

Materialeinzelkosten 12.400 €, Fertigungslöhne 1.300 €, Spezialwerkzeug 200 €, Transportkosten 150 €.

Die zur Ermittlung der Istgemeinkosten benötigten Istzuschlagssätze entnimmt man dem Betriebsabrechnungsbogen des abgelaufenen Monats. Der Auftrag A389 wurde im Monat April ausgeführt. In diesem Monat weist der Betriebsabrechnungsbogen folgende Istzuschlagssätze aus:

Materialgemeinkosten	32 %	Fertigungsgemeinkosten	94 %
Verwaltungsgemeinkosten	16 %	Vertriebsgemeinkosten	20 %

Nachkalkulation mit Istkosten in EUR			
	Kalkulationsschema	Auftrag A389	Zuschläge
	Materialeinzelkosten	12.400,00	
+	Materialgemeinkosten	3.968,00	32%
=	Materialkosten	16.368,00	
	Fertigungseinzelkosten	1.300,00	
+	Fertigungsgemeinkosten	1.222,00	94%
+	Sondereinzelkosten der Fertigung	200,00	
=	Fertigungskosten	2.722,00	
=	Herstellkosten	19.090,00	
+	Verwaltungsgemeinkosten	3.054,40	16%
+	Vertriebsgemeinkosten	3.818,00	20%
+	Sondereinzelkosten des Vertriebs	150,00	
=	Selbstkosten	26.112,40	
+	Gewinn	?	?
=	Barverkaufspreis	29.880,00	

In unserem Beispiel sind die tatsächlich angefallenen Kosten höher als geplant. Wurde mit dem Kunden ein fester Verkaufspreis vereinbart, muss der Betrieb sich entsprechend mit einem geringeren Gewinn begnügen:

Gewinn (in €) = Barverkaufspreis - Selbstkosten = 29.880,00 € - 26.112,40 € = 3.767,60 €

$$\text{Gewinn (in \%)} = \frac{3.767{,}60\ € \cdot 100}{26.112{,}40\ €} = 14{,}43\ \%$$

4.1.4 Handelskalkulation

Im Gegensatz zum Industriebetrieb stellen Händler die angebotenen Produkte nicht selber her, sondern kaufen diese ein und verkaufen sie unverändert weiter. Ausgangspunkt der Kalkulation ist deshalb der Einkaufspreis der Handelsware, wie das folgende Schema zeigt.

Hinweis:

Sämtliche Tabellen in diesem Buch wurden mit Excel erstellt. Egal wie viele Stellen nach dem Komma dargestellt werden, Excel rechnete immer mit allen Kommastellen. Wenn Sie die folgende Tabelle mit Taschenrechner nachrechnen und dabei auf 2 Stellen nach dem Komma runden, kommen Sie deshalb auf geringfügig andere Werte: Jeder Verkaufspreis ist in diesem Fall jeweils um 1 Cent höher; der Barverkaufspreis beträgt dann also beispielsweise 96,79 € und der Bruttoverkaufspreis 123,72 €.

Handelskalkulation in EUR				
Kalkulationsschema	Abkürzungen	Prozentsatz	Betrag	Erläuterungen
Listeneinkaufspreis (netto)	LEP		80,00	
- Liefererrabatt		12%	9,60	12 % vom LEP (12 % • 80,00)
= Zieleinkaufspreis	ZEP		70,40	
- Liefererskonto		3%	2,11	3 % vom ZEP (3 % • 70,40)
= Bareinkaufspreis	BEP		68,29	
+ Bezugskosten			2,10	
= Bezugs-/Einstandspreis	BP		70,39	
+ Handlungs(gemein)kosten	HK	25%	17,60	25 % vom BP (25 % • 70,39)
= Selbstkosten	SK		87,99	
+ Gewinn		10%	8,80	10 % von den SK (10 % • 87,99)
= Barverkaufspreis	BVP		96,78	
+ Kundenskonto		2%	1,98	2 % vom ZVP → BVP = 98 %
+ Vertreterprovision		0%	0,00	
= Zielverkaufspreis	ZVP		98,76	
+ Kundenrabatt		5%	5,20	5 % vom LVP → ZVP = 95 %
= Listen-/Nettoverkaufspreis	LVP		103,96	
+ Umsatzsteuer		19%	19,75	19 % vom LVP (19 % • 103,96)
= Bruttoverkaufspreis			123,71	

Zusätzliche Erläuterungen:

- Unternehmen kalkulieren immer mit den Nettobeträgen, da sie die im Einkauf bezahlte Umsatzsteuer (Vorsteuer) vom Finanzamt erstattet bekommen (siehe Buchhaltung).
- Zu den Bezugskosten gehören z. B. die Verpackungs- und Transportkosten.
- Bei den Handlungskosten, auch Handlungsgemeinkosten genannt, handelt es sich um die innerbetrieblichen Kosten für Lagerhaltung, Verwaltung, Vertrieb etc.
- Ab den Selbstkosten sind das Schema und der Rechenweg bei der Handels- und der Industriekalkulation (Zuschlagskalkulation) identisch. Im oberen Beispiel wurde jetzt jedoch angenommen, dass keine Vertreterprovision anfällt. Damit ergeben sich hier folgende Rechenwege:

$$\text{Kundenskonto} = \frac{96{,}78\ € \cdot 2\ \%}{98\ \%} = 1{,}98\ € \qquad \text{Kundenrabatt} = \frac{98{,}76\ € \cdot 5\ \%}{95\ \%} = 5{,}20\ €$$

Kalkulationszuschlag und Handelsspanne

Da die Zuschlagssätze für Handlungsgemeinkosten, Gewinn, Skonto und Rabatt oft über längere Zeit unverändert bleiben, fassen viele Handelsunternehmen die verschiedenen Positionen zusammen.

Hierzu wird als Erstes der **Rohgewinn** ermittelt, dies ist die Differenz zwischen dem Listenverkaufspreis (netto) und dem Bezugspreis. Der Rohgewinn wird dann ins Verhältnis gesetzt, entweder zum Bezugspreis (= Kalkulationszuschlag) oder zum Listenverkaufspreis (= Handelsspanne).

Bezogen auf unser Beispiel von oben ergeben sich folgende Werte:

Rohgewinn = Listenverkaufspreis - Bezugspreis = 103,96 € - 70,39 € = 33,57 €

$$\text{Kalkulationszuschlag (in \%)} = \frac{\text{Rohgewinn} \cdot 100}{\text{Bezugspreis}} = \frac{33{,}57\ € \cdot 100}{70{,}39\ €} = 47{,}69\ \%$$

$$\text{Handelsspanne (in \%)} = \frac{\text{Rohgewinn} \cdot 100}{\text{Listenverkaufspreis}} = \frac{33{,}57\ € \cdot 100}{103{,}96\ €} = 32{,}29\ \%$$

Mit dem Kalkulationszuschlag lässt sich die Kalkulation wesentlich vereinfachen:

Listenverkaufspreis = Bezugspreis + Bezugspreis • Kalkulationszuschlag
= 70,39 € + 70,39 € • 47,69 % = 103,96 €
oder schneller → 70,39 • 1,4769 = 103,96 €

Der Rohgewinn darf nicht mit dem **Reingewinn** verwechselt werden. Zur Ermittlung des Reingewinns werden vom Listenverkaufspreis die Selbstkosten (also alle Kosten und nicht nur der Bezugspreis) abgezogen.

4.2 Kostenträgerzeitrechnung mit Istkosten

Die Kostenträgerzeitrechnung erfasst, welche Kosten insgesamt in einer Periode für die verschiedenen Kostenträger angefallen sind. Üblicherweise wird sie durch die Einbeziehung der erwirtschafteten Leistungen zu einer kurzfristigen Erfolgsrechnung ausgebaut.

In diesem und im nächsten Kapitel gehen wir wieder von der klassischen Zuschlagskalkulation aus. Ein Hilfsmittel zur tabellarischen Durchführung der Kostenträgerzeitrechnung ist das **Kostenträgerblatt (BAB II)**. Der Grundaufbau des Kostenträgerblattes entspricht dem Kalkulationsschema, das wir bereits im Kapitel C 4.1.3 kennengelernt haben:

Kostenträgerblatt (BAB II) März auf Istkostenbasis in EUR			
	Summe	Kostenträger A	Kostenträger B
Materialeinzelkosten	238.000	140.000	98.000
+ 7,0546 % Materialgemeinkosten	16.790	9.876	6.914
= Materialkosten	254.790	149.876	104.914
Fertigungseinzelkosten	44.100	26.000	18.100
+ 280,0000 % Fertigungsgemeinkosten	123.480	72.800	50.680
= Fertigungskosten	167.580	98.800	68.780
= Herstellkosten der Erzeugung	422.370	248.676	173.694
+ Minderbestand an unfertigen Erzeugnissen	8.000	2.500	5.500
- Mehrbestand an fertigen Erzeugnissen	2.300	800	1.500
= Herstellkosten des Umsatzes	428.070	250.376	177.694
+ 8,8771 % Verwaltungsgemeinkosten	38.000	22.226	15.774
+ 7,9847 % Vertriebsgemeinkosten	34.180	19.992	14.188
= Selbstkosten des Umsatzes	500.250	292.594	207.656
Umsatzerlöse	708.000	438.000	270.000
Betriebsergebnis	207.750	145.406	62.344

Erläuterungen:

Beim Kostenträgerblatt handelt es sich um eine (z. B. monatliche) Periodenrechnung. Anstatt wie bei der Stückkalkulation die Kosten für ein Stück von Produkt A und ein Stück von Produkt B zu ermitteln, werden hier jeweils die gesamten in der betrachteten Periode angefallenen Kosten für die beiden Produkte ausgewiesen.

Die Verteilung der Einzelkosten auf die verschiedenen Produkte erfolgt wie gewohnt anhand interner Aufzeichnungen (Materialentnahmescheine, Auftragszettel etc.).

Egal ob Kostenträgerstück- oder Kostenträgerzeitrechnung, die Gemeinkosten werden mithilfe der im Betriebsabrechnungsbogen ermittelten Zuschlagssätze auf die verschiedenen Kostenträger verrechnet. In unserem Beispiel haben wir das Kostenträgerblatt für den Monat März erstellt, deshalb verwenden wir die im BAB März ausgewiesenen Istzuschlagssätze für die Gemeinkostenkalkulation. Die Zahlen wurden dem einfachen BAB aus Kapitel C 3.3.1 entnommen. Die Istzuschlagssätze sind dort auf 2 Stellen nach dem Komma gerundet. Wenn Sie die Tabelle mit Taschenrechner nachrechnen, sollten Sie jedoch bei allen Zuschlagssätzen mit 4 Stellen nach dem Komma rechnen, da es sonst zu größeren Abweichungen kommt (deshalb wurden im Kostenträgerblatt die Zuschlagssätze auch mit 4 Stellen nach dem Komma angegeben).
Damit ergeben sich für die Kostenträger A und B beispielsweise folgende Materialgemeinkosten: 7,0546 % • 140.000 € = 9.876 € für A und 7,0546 % • 98.000 € = 6.914 € für B.

Üblicherweise wird das Kostenträgerblatt zu einer Ergebnisrechnung ausgebaut. Hierzu werden aus der Finanzbuchhaltung die im Monat März für die jeweiligen Kostenträger gebuchten Umsatzerlöse übernommen. Zieht man von den Umsatzerlösen die Selbstkosten ab, erhält man das Betriebsergebnis für den Monat März insgesamt und für jeden einzelnen Kostenträger. Das Kostenträgerblatt zeigt so auf, in welchem Umfang die verschiedenen Kostenträger zum Erfolg des Unternehmens beigetragen haben.

4.3 Kostenstellen- und Kostenträgerzeitrechnung mit Normalkosten

Normalkosten werden aus den Durchschnittswerten der Vergangenheit errechnet. Durch die Ausschaltung zufälliger Schwankungen eignen sie sich für die Vorkalkulation und die Kostenkontrolle. Unternehmen sollten regelmäßig (z. B. monatlich) überprüfen, ob die in die Kostenträger (Aufträge etc.) einkalkulierten Normalkosten die tatsächlich angefallenen Istkosten auch abdecken.

Normal- und Istkosten werden nur selten übereinstimmen. Üblicherweise kommt es zu folgenden Abweichungen:

- Bei einer Kostenüberdeckung wurde mit höheren Kosten kalkuliert als tatsächlich eingetreten sind:

  Kostenüberdeckung = Normal(gemein)kosten > Ist(gemein)kosten

- Bei der Kostenunterdeckung werden die tatsächlich angefallenen Kosten durch die bei der Vorkalkulation einkalkulierten Normalkosten nicht gedeckt:

  Kostenunterdeckung = Normal(gemein)kosten < Ist(gemein)kosten

Da es die Leiter der Kostenstellen sind, die Kostenabweichungen erklären müssen, sollten Kostenüber- und -unterdeckungen im Betriebsabrechnungsbogen für jede Kostenstelle getrennt ausgewiesen werden. Zu diesem Zweck ergänzen wir den bereits aus Kapitel C 3.3.1 bekannten BAB um die dunkler markierten Zeilen:

Betriebsabrechungsbogen (BAB) März in EUR					
Kostenstellen / Gemeinkosten	Betrag	Material	Fertigung	Verwaltung	Vertrieb
Gehälter	89.100	13.000	23.700	31.350	21.050
Abschreibungen	19.000	1.000	15.000	2.000	1.000
Miete	7.000	350	5.600	630	420
Zinsen	6.800	800	4.100	1.200	700
Strom	5.440	440	4.320	320	360
Hilfsstoffe	63.160	0	63.160	0	0
Werbekosten	9.350	0	0	0	9.350
Steuern	12.600	1.200	7.600	2.500	1.300
Istgemeinkosten	212.450	16.790	123.480	38.000	34.180
Zuschlagsgrundlagen		238.000	44.100	428.070	428.070
Istzuschlagssätze		7,05%	280,00%	8,88%	7,98%
1) Normalzuschlagssätze		7,40%	260,00%	10,00%	8,20%
2) Zuschlagsgrundlagen		238.000	44.100	420.072	420.072
3) Normalgemeinkosten		17.612	114.660	42.007	34.446
4) Kostenüberdeckung		822		4.007	266
4) Kostenunterdeckung			-8.820		
5) Kostenunterdeckung insgesamt		-3.725			

Erläuterungen:

1) In der Praxis werden die Normalzuschlagssätze als Durchschnitt aus den Zuschlagssätzen der vergangenen Monate errechnet (siehe Kapitel C 4.1.3). In Klausuren sind die Normalzuschlagssätze üblicherweise vorgegeben bzw. bereits im BAB eingetragen.

2) Grundsätzlich verwenden wir bei der Normalkostenrechnung dieselben Zuschlagsgrundlagen wie bei der Istkostenrechnung. Entsprechend tragen wir auch in der Normalkostenrechnung im Materialbereich als Zuschlagsgrundlage die Materialeinzelkosten in Höhe von 238.000 € ein. Im Fertigungsbereich stehen als Zuschlagsgrundlage sowohl in der Istkosten- als auch der Normalkostenrechnung die Fertigungseinzelkosten in Höhe von 44.100 €.
   Die Herstellkosten des Umsatzes als gemeinsame Zuschlagsgrundlage für die Verwaltungs- und die Vertriebsgemeinkosten beinhalten sowohl Einzel- als auch Gemeinkosten. Da die Ist- und die Normalgemeinkosten nur selten übereinstimmen, müssen die Herstellkosten des Umsatzes für die Istkostenrechnung und für die Normalkostenrechnung getrennt ermittelt werden. Die Herstellkosten des Umsatzes auf Basis der Istkosten in Höhe von 428.070 € haben wir bereits im Kapitel C 3.3.2 ermittelt, dort können Sie die Berechnung nochmals nachvollziehen. Für die Berechnung der Herstellkosten des Umsatzes auf Basis der Normalkosten verwenden wir dasselbe Schema, tragen jetzt jedoch statt der Istgemeinkosten die Normalgemeinkosten ein. Den Rechenweg und das Ergebnis in Höhe von 420.072 € können sie dem unten abgebildeten Kostenträgerblatt entnehmen.

3) Multipliziert man die Zuschlagsgrundlagen (des Normalkostenbereiches) mit den Normalzuschlagssätzen erhält man die Normalgemeinkosten:
   238.000 € • 7,40 % = 17.612 €; 44.100 € • 260,00 % = 114.660 €
   420.072 € • 10,00 % = 42.007 €; 420.072 € • 8,20 % = 34.446 €

4) Als nächstes werden von den Normalgemeinkosten die Istgemeinkosten abgezogen. Bei den Materialgemeinkosten ergibt sich eine Kostenüberdeckung in Höhe von 17.612 € - 16.790 € = 822 € und bei den Fertigungsgemeinkosten eine Kostenunterdeckung in Höhe von 114.660 € - 123.480 € = - 8.820 €.

5) Daraus ergibt sich insgesamt eine Kostenunterdeckung in Höhe von 822 € - 8.820 € + 4.007 € + 266 € = - 3.725 €.

Betrachten wir nun das Kostenträgerblatt auf Normalkostenbasis:

Kostenträgerblatt (BAB II) März auf Normalkostenbasis in EUR			
	Summe	Kostenträger A	Kostenträger B
Materialeinzelkosten	238.000	140.000	98.000
+ 7,40 % Materialgemeinkosten	17.612	10.360	7.252
= Materialkosten	255.612	150.360	105.252
Fertigungseinzelkosten	44.100	26.000	18.100
+ 260 % Fertigungsgemeinkosten	114.660	67.600	47.060
= Fertigungskosten	158.760	93.600	65.160
= Herstellkosten der Erzeugung	414.372	243.960	170.412
+ Minderbestand an unfertigen Erzeugnissen	8.000	2.500	5.500
- Mehrbestand an fertigen Erzeugnissen	2.300	800	1.500
= Herstellkosten des Umsatzes	420.072	245.660	174.412
+ 10,00 % Verwaltungsgemeinkosten	42.007	24.566	17.441
+ 8,20 % Vertriebsgemeinkosten	34.446	20.144	14.302
= Selbstkosten des Umsatzes	496.525	290.370	206.155
Umsatzerlöse	708.000	438.000	270.000
Umsatzergebnis	211.475	147.630	63.845
- Kostenunterdeckung (siehe BAB)	3.725		
= Betriebsergebnis	207.750		

Erläuterungen:

Das Kostenträgerblatt auf Normalkostenbasis geht von denselben Einzelkosten aus wie das Kostenträgerblatt auf Istkostenbasis. Die Gemeinkosten werden jetzt jedoch mithilfe der Normalzuschlagssätze auf die Kostenträger verrechnet.

Stimmen die Ist- und die Normalgemeinkosten nicht überein, können auch die Selbstkosten und die (darauf aufbauenden) Ergebnisse bei der Ist- und bei der Normalkostenrechnung nicht identisch sein. Deshalb wird das Ergebnis bei der Normalkostenrechnung auch nicht mehr als Betriebsergebnis bezeichnet, sondern als Umsatzergebnis.

Da der Unterschied zwischen dem Umsatz- und dem Betriebsergebnis allein auf der Abweichung zwischen Normal- und Istgemeinkosten beruht, lässt sich aus dem Umsatzergebnis relativ leicht das Betriebsergebnis ableiten:

- Bei einer Kostenunterdeckung sind die Normalgemeinkosten kleiner als die Istgemeinkosten. Aufgrund der geringeren Kosten wird das Umsatzergebnis größer sein als das Betriebsergebnis. Man muss folglich die Kostenunterdeckung vom Umsatzergebnis abziehen, um das kleinere Betriebsergebnis zu erhalten.
- Umgekehrt wird eine Kostenüberdeckung zur Ermittlung des Betriebsergebnisses auf das Umsatzergebnis addiert.

4.4 Prozesskostenrechnung

Grundidee der Prozesskostenrechnung

Der Anteil der Gemeinkosten an den Gesamtkosten ist in den letzten Jahrzehnten stark gestiegen. Entsprechend wichtig ist eine verursachungsgerechte Verteilung der Gemeinkosten auf die Kostenträger. Die klassische Zuschlagskalkulation (siehe Kapitel C 4.1.3) verteilt die Gemeinkosten anhand von Zuschlagssätzen. Als Zuschlagsgrundlagen dienen überwiegend wertmäßige Bezugsgrößen (Materialeinzelkosten, Fertigungseinzelkosten, Herstellkosten).

Diese Vorgehensweise ist jedoch sehr ungenau, wie folgendes Beispiel zeigt:
In einem Unternehmen beträgt der MGK-Zuschlagssatz 20 %. Einem Produkt A mit 200 € Materialeinzelkosten werden folglich 40 € (20 % von 200 €) Materialgemeinkosten zugerechnet, bei einem Produkt B mit 100 € Materialeinzelkosten ergeben sich 20 € (20 % von 100 €) Materialgemeinkosten. Es ist nun aber keinesfalls sicher, dass Produkt A, das im Vergleich zu Produkt B doppelt so hohe Materialeinzelkosten aufweist, auch doppelt so hohe Materialgemeinkosten verursacht. Die Einkäufer werden bei doppelt so teurem Material ja schließlich nicht automatisch auch doppelt so viel Zeit für den Bestellvorgang benötigen.

Die Prozesskostenrechnung versucht diesen Mangel zu beheben, indem sie die Gemeinkosten einer Kostenstelle zunächst den in dieser Kostenstelle erbrachten Leistungen (Prozesse/Tätigkeiten) zuordnet. In welcher Höhe einem Kostenträger Gemeinkosten zugerechnet werden, hängt dann von der Anzahl der von ihm in Anspruch genommenen Leistungen ab.

Vorgehensweise der Prozesskostenrechnung

Die Prozesskostenrechnung vollzieht sich in den folgenden Schritten:
1) Tätigkeitsanalyse zur Identifizierung der Prozesse
2) Auswahl geeigneter Messgrößen (Kostentreiber)
3) Planung der Prozessmengen und der damit verbundenen Prozesskosten
4) Errechnung der Prozesskostensätze
5) Gemeinkostenverrechnung auf die Kostenträger

Für alle in die Prozesskostenrechnung einbezogenen Kostenstellen wird analysiert, welche Tätigkeiten dort durchgeführt werden und somit Gemeinkosten verursachen. Zusammenhängende Tätigkeiten werden zu Teilprozessen zusammengefasst. Beispielsweise lassen sich die Tätigkeiten „Lieferanten suchen“, „Anfragen schreiben“ und „Anfragen versenden“ zu dem Teilprozess „Angebote einholen“ zusammenfassen. Teilprozesse, die zur Erbringung einer bestimmten Leistung notwendig sind, werden wiederum zu einem Hauptprozess zusammengefasst. Der Hauptprozess „Ware beschaffen“ entsteht beispielsweise durch die Zusammenfassung der folgenden Teilprozesse: Angebote einholen, Lieferanten auswählen, Bestellungen aufgeben, Ware entgegennehmen, Ware prüfen, Ware einlagern. Hauptprozesse sind häufig abteilungsübergreifend. An der Warenbeschaffung sind beispielsweise die Abteilungen Einkauf, Warenannahme und Lager beteiligt.

In einem späteren Schritt werden Prozesskostensätze ermittelt, dies sind die Kosten für eine einmalige Durchführung eines Teilprozesses. Die Berechnung erfolgt, indem man die für einen Teilprozess in einer Periode insgesamt geplanten Kosten (Planprozesskosten) durch die geplante Prozessmenge teilt. Die Planprozessmenge wird über sogenannte Messgrößen (Maßgrößen) erfasst. Als Messgröße dient üblicherweise die Anzahl der durchzuführenden Teilprozesse. Beispiel: Die Häufigkeit des Teilprozesses „Angebote einholen" lässt sich am besten erfassen durch die Messgröße „Anzahl der Angebote". Messgrößen für die Hauptprozesse werden Kostentreiber genannt. Zwischen der Messgröße und den Kosten des Teilprozesses sollte ein möglichst proportionaler Zusammenhang bestehen.

Nicht für alle Teilprozesse lassen sich jedoch geeignete Messgrößen finden. Deshalb unterscheidet man zwischen leistungsmengeninduzierten Prozessen (**lmi-Prozesse**) und leistungsmengenneutralen Prozessen (**lmn-Prozesse**):

- Bei den leistungsmengeninduzierten Teilprozessen handelt es sich um Tätigkeiten, deren Zeitaufwand und Ressourcenverbrauch sich (weitgehend) proportional zu der in der betreffenden Kostenstelle anfallenden Leistungsmenge verhalten. Die Kosten der lmi-Prozesse sind also direkt prozessabhängig und verändern sich (zumindest mittel bis langfristig) mit der Tätigkeitsmenge. Beispiel: Die Kosten der Tätigkeit "Angebote einholen" hängen von der Anzahl der eingeholten Angebote ab.
- Leistungsmengenneutrale Prozesse, wie beispielsweise „Abteilung leiten", fallen hingegen unabhängig von der Leistungsmenge der Kostenstelle an.

Die Prozessmengen und die damit verbundenen Prozesskosten lassen sich z. B. aus den Vorjahreswerten ableiten oder anhand detaillierter Analysen planen.

Das Ergebnis der bisherigen Analysen und Planungen könnte für die Kostenstelle Einkauf z. B. folgendermaßen aussehen:

Teilprozesse	Art	Messgröße	Plan-prozess-menge	Plan-prozess-kosten
Angebote einholen	lmi	Anzahl der Angebote	1.600	48.000 €
Lieferanten auswählen	lmi	Anzahl der Angebote	1.600	76.000 €
Bestellungen aufgeben	lmi	Anzahl der Bestellungen	7.000	98.000 €
Abteilung leiten	lmn	-	-	44.400 €

Anschließend werden die Prozesskostensätze ermittelt. Wie bereits oben beschrieben, sind dies die Kosten für die einmalige Durchführung eines Teilprozesses:

$$\text{Prozesskostensatz} = \frac{\text{Planprozesskosten}}{\text{Planprozessmenge}}$$

Wenn z. B. einmal ein Angebot eingeholt wird, verursacht dies Kosten in Höhe von:

$$\text{Prozesskostensatz (Angebote einholen)} = \frac{48.000\ €}{1.600\ \text{Angebote}} = 30\ €/\text{Angebot}$$

Nachdem alle Prozesskostensätze ermittelt wurden, ergibt sich folgendes Bild:

Teilprozesse	Art	Messgröße	Plan-prozess-menge	Plan-prozess-kosten	Prozess-kosten-satz (lmi)
Angebote einholen	lmi	Anzahl der Angebote	1.600	48.000 €	30,00 €
Lieferanten auswählen	lmi	Anzahl der Angebote	1.600	76.000 €	47,50 €
Bestellungen aufgeben	lmi	Anzahl der Bestellungen	7.000	98.000 €	14,00 €
Abteilung leiten	lmn	-	-	44.400 €	-

Bei den leistungsmengenneutralen Teilprozessen lassen sich aufgrund der fehlenden Messgrößen keine Prozesskostensätze ermitteln. Trotzdem müssen die Kosten der lmn-Prozesse auf die Kostenträger verrechnet werden, da es sich bei der Prozesskostenrechnung um eine Vollkostenrechnung handelt. Die Lösung dieses Problems entspricht dem Grundprinzip der Zuschlagskalkulation. Die Kosten der lmn-Prozesse werden mithilfe eines Prozentsatzes auf die Kosten der lmi-Prozesse umgelegt. Der Prozentsatz ergibt sich, indem man die Planprozesskosten der lmn-Prozesse (44.400 €) ins Verhältnis zu den gesamten Planprozesskosten der lmi-Prozesse (48.000 € + 76.000 € + 98.000 € = 222.000 €) setzt. In unserem Beispiel ergibt sich folgender Prozentsatz:

$$\text{Umlagesatz (in \%)} = \frac{\text{Summe lmn-Planprozesskosten}}{\text{Summe lmi-Planprozesskosten}} \bullet 100 = \frac{44.400\ €}{222.000\ €} \bullet 100 = 20\ \%$$

Die gesamten Prozesskosten der Teilprozesse lassen sich nun errechnen, indem man alle Prozesskostensätze jeweils um 20 % erhöht. Für den Teilprozess „Angebote einholen“ ergibt sich z. B. folgende Rechnung:

Umlagesatz (in €) = Prozesskostensatz • 20 % = 30 € • 20 % = 6 €

Gesamtprozesskostensatz = Prozesskostensatz + Umlagesatz = 30 € + 6 € = 36 €

Die folgende Tabelle zeigt die Gesamtprozesskostensätze für alle Teilprozesse auf:

Teilprozesse	Art	Messgröße	Plan-prozess-menge	Plan-prozess-kosten	Prozess-kosten-satz (lmi)	Umlage-satz (lmn)	Gesamt-prozess-kostensatz
Angebote einholen	lmi	Anzahl der Angebote	1.600	48.000 €	30,00 €	6,00 €	36,00 €
Lieferanten auswählen	lmi	Anzahl der Angebote	1.600	76.000 €	47,50 €	9,50 €	57,00 €
Bestellungen aufgeben	lmi	Anzahl der Bestellungen	7.000	98.000 €	14,00 €	2,80 €	16,80 €
Abteilung leiten	lmn	-	-	44.400 €	-	-	-

Mit Hilfe der Prozesskostensätze können nun die Gemeinkosten auf die Kostenträger verrechnet werden. Hierzu wird für jeden Kostenträger ermittelt, welche Prozesse er wie oft verursacht. Nicht in allen Kostenstellen ist eine Prozesskostenrechnung (mit vertretbarem Zeitaufwand) durchführbar. Hier bietet es sich an, die Gemeinkosten mithilfe der klassischen Zuschlagskalkulation auf die Kostenträger zu verrechnen. In diesem Fall wird die Prozesskostenrechnung einfach in die Zuschlagskalkulation integriert.

Beispiel:

Wir wollen für einen Kundenauftrag die Herstellkosten ermitteln. Die Materialeinzelkosten planen wir mit 4.000 € und die Fertigungseinzelkosten mit 600 €.

Die Materialgemeinkosten werden mithilfe der Prozesskostenrechnung verrechnet. Für den Kundenauftrag müssen im Materialbereich folgende Prozesse durchgeführt werden:

Prozesse	Anzahl des Prozesses
Angebote einholen	4
Lieferanten auswählen	2
Bestellungen aufgeben	2

Die Fertigungsgemeinkosten werden mithilfe der klassischen Zuschlagskalkulation kalkuliert. Der FGK- Zuschlagssatz beträgt 140 %.

Lösung:

	Zuschlagssatz	Anzahl des Prozesses		Gesamtprozesskostensatz		Kosten
Materialeinzelkosten						4.000,00 €
Materialgemeinkosten:						
Angebote einholen		4	•	36,00 €	=	144,00 €
Lieferanten auswählen		2	•	57,00 €	=	114,00 €
Bestellungen aufgeben		2	•	16,80 €	=	33,60 €
Materialkosten						4.291,60 €
Fertigungseinzelkosten						600,00 €
Fertigungsgemeinkosten	140%					840,00 €
Fertigungskosten						1.440,00 €
Herstellkosten						5.731,60 €

Hinweis:

Bis auf die Berechnung der Materialgemeinkosten entsprechen Schema und Rechenweg der Zuschlagskalkulation.

5 Teilkostenrechnung

Alle im Kapitel 4 besprochenen Kalkulationsverfahren gehören zur Vollkostenrechnung. Typisch für die Vollkostenrechnung ist, dass sämtliche Kosten einer Abrechnungsperiode auf die einzelnen Kostenträger (Produkte, Aufträge) verrechnet werden. Bei der Teilkostenrechnung werden hingegen nicht mehr alle, sondern nur noch bestimmte Kosten auf die einzelnen Kostenträger verrechnet. In den folgenden Kapiteln werden wir nur das bekannteste Verfahren der Teilkostenrechnung besprechen, die Deckungsbeitragsrechnung.

5.1 Einstufige Deckungsbeitragsrechnung (Direct Costing)

5.1.1 Produktionsprogrammplanung bei freien Kapazitäten

Die bisher behandelte Vollkostenrechnung kann durch die fehlende Trennung zwischen fixen und variablen Kosten zu Fehlentscheidungen führen, wie das folgende Beispiel aufzeigt:

Produkte	A	B	C	Summe
Verkaufspreis (netto) pro Stück	85 €	102 €	40 €	
Variable Kosten pro Stück (k_v)	43 €	72 €	35 €	
Fixe Kosten pro Stück (k_f)	14 €	22 €	9 €	
Selbstkosten pro Stück (SK/Stück)	57 €	94 €	44 €	
Ergebnis pro Stück	28 €	8 €	-4 €	
Menge in Stück	500	800	600	
Betriebsergebnis	14.000 €	6.400 €	-2.400 €	18.000 €

Der Betrieb erzielt mit den Produkten A und B einen Gewinn von insgesamt 20.400 €, beim Produkt C fällt hingegen ein Verlust in Höhe von 2.400 € an. Bei einer reinen Vollkostenbetrachtung käme der Betrieb zu dem Schluss, dass der Gesamtgewinn von 18.000 € auf 20.400 € gesteigert werden könnte, wenn das Produkt C aus dem Sortiment genommen wird.

Die Vorstellung, dass durch die Streichung von Produkt C nicht nur die Umsatzerlöse für das Produkt in Höhe von 24.000 € (600 Stück • 40 €/St.) komplett wegfallen, sondern auch die Kosten in Höhe von 26.400 € (600 Stück • 44 €/St.), ist jedoch falsch. Entfallen werden nur die variablen Kosten des Produktes C, nicht jedoch die dem Produkt C zugerechneten fixen Kosten. Beispielsweise beinhalten die Selbstkosten des Produktes C in Höhe von 26.400 € auch die anteilige Miete für die Werkshalle in der alle 3 Produkte hergestellt werden. Würde Produkt C nicht mehr hergestellt, muss natürlich trotzdem unverändert die im Mietvertrag vereinbarte Miete gezahlt werden. Die Mietkosten müssten nun allein von den Produkten A und B getragen werden, wodurch die Fixkosten pro Stück und damit auch die Selbstkosten pro Stück bei diesen beiden Produkten steigen würden.

Da Fixkosten kurzfristig nicht abgebaut werden können, sind für Entscheidungen mit kurzfristigem Zeitrahmen auch nur die variablen Kosten relevant. Dies wird durch die Deckungsbeitragsrechnung berücksichtigt, wie die folgende Tabelle zeigt:

Produkte	A	B	C	Summe
Verkaufspreis (netto) pro Stück	85 €	102 €	40 €	
Variable Kosten pro Stück	43 €	72 €	35 €	
1) Deckungsbeitrag pro Stück (db)	42 €	30 €	5 €	
Menge in Stück	500	800	600	
2) Deckungsbeitrag pro Periode (DB)	21.000 €	24.000 €	3.000 €	48.000 €
3) Fixkosten pro Periode (K_f)				30.000 €
Betriebsergebnis				18.000 €

Erläuterungen:

1) Durch Abzug der variablen Stückkosten vom Nettoverkaufspreis erhält man den **Deckungsbeitrag** je Stück. Der Deckungsbeitrag gibt an, in welchem Umfang ein Produkt zur Deckung der fixen Kosten beiträgt.
   Jedes Produkt mit positivem Deckungsbeitrag sollte im Produktionsprogramm bzw. Sortiment verbleiben. Das Produkt C sollte also nicht gestrichen werden, da sonst 3.000 € Deckungsbeitrag entfallen und sich das Betriebsergebnis um diese 3.000 € verschlechtern würde.
   Bei Produkten mit negativem Deckungsbeitrag deckt der Verkaufspreis nicht einmal die durch dieses Produkt zusätzlich verursachten (variablen) Kosten. Die betreffenden Produkte sollten deshalb eliminiert werden, sofern Marketingaspekte nicht dagegen sprechen.
2) Multipliziert man den Deckungsbeitrag pro Stück mit der Menge, erhält man für jedes Erzeugnis den Deckungsbeitrag pro Periode (z. B. Monat). Die Summe der 3 Deckungsbeiträge ergibt den gesamten Deckungsbeitrag des Betriebes.
3) Zur Ermittlung des Betriebsergebnisses werden zum Schluss noch die fixen Kosten (500 Stück • 14 €/St. + 800 Stück • 22 €/St. + 600 Stück • 9 €/St. = 30.000 €) in einem Block vom Gesamtdeckungsbeitrag abgezogen.

Zusammenfassung

Deckungsbeitrag pro Stück = Verkaufspreis - variable Stückkosten

$$db = p - k_v$$

Sofern der Betrieb über ausreichende Kapazitäten (Maschinen, Personal etc.) verfügt, sollte jedes Produkt mit positivem Deckungsbeitrag ins Produktionsprogramm aufgenommen werden.

Deckungsbeitrag pro Periode = Stückdeckungsbeitrag • Menge

$$DB = db \cdot x$$

oder

Deckungsbeitrag pro Periode = Verkaufserlöse der Periode - variable Kosten der Periode

$$DB = E - K_v$$

	Summe der Deckungsbeiträge aller Kostenträger der Periode
-	Fixkosten der Periode
=	Betriebsergebnis

5.1.2 Produktionsprogrammplanung bei knappen Kapazitäten

Reichen die Kapazitäten aus, wird von jedem Produkt mit positivem Deckungsbeitrag so viel hergestellt, wie sich verkaufen lässt. Bestehen jedoch innerbetriebliche Engpässe (mit dem vorhandenen Bestand an Maschinen und Personal können nicht alle Produkte in der gewünschten Menge hergestellt werden) dann muss für die Produkte eine Rangfolge ermittelt werden. Die absoluten Deckungsbeiträge pro Stück (db) reichen zur Beurteilung nicht aus.

Beispiel:

Sie können als Selbständiger mit 2 verschiedenen Aufträgen (A und B) jeweils einen Deckungsbeitrag in Höhe von 1.000 € erwirtschaften. Den Auftrag A können Sie jedoch in 10 Stunden erledigen, während Sie für den Auftrag B 20 Stunden benötigen. Natürlich ist der Auftrag A mit einem Stundensatz von 100 € (1.000 € : 10 Stunden) wesentlich lukrativer als Auftrag B mit einem Stundensatz von 50 € (1.000 € : 20 Stunden).

Wie das Beispiel zeigt, müssen wir zur Ermittlung der Rangfolge den Deckungsbeitrag pro Stück umrechnen auf eine Zeiteinheit (Stunde, Minute etc.). Das Ergebnis bezeichnet man als relativen Deckungsbeitrag.

Schauen wir uns nun den kompletten Lösungsweg an, indem wir das Beispiel aus Kapitel C 5.1.1 erweitern. Die Fertigung stellt nun mit einer verfügbaren Kapazität von 480 Stunden einen Engpass dar:

Produkte	A	B	C	Summe
Verkaufspreis (netto) pro Stück	85 €	102 €	40 €	
Variable Kosten pro Stück	43 €	72 €	35 €	
Deckungsbeitrag pro Stück	42 €	30 €	5 €	
Maximale Absatzmenge in Stück	500	800	600	
Fertigungszeit: Minuten pro Stück	28	15	10	
1) Relativer Deckungsbeitrag in €/Stück	1,5	2	0,5	
2) Rangfolge	2	1	3	
3) Optimales Produktionsprogramm in Stück	500	800	280	
4) Deckungsbeitrag pro Periode	21.000 €	24.000 €	1.400 €	46.400 €
Fixkosten pro Periode				30.000 €
Betriebsergebnis				16.400 €

Erläuterungen:

1) Zur Ermittlung des relativen Deckungsbeitrages wird der Deckungsbeitrag pro Stück geteilt durch die Fertigungszeit pro Stück. So ergibt sich beispielsweise für Produkt A ein relativer Deckungsbeitrag von 42 € : 28 Minuten = 1,5 €/Minute.

2) Die Rangfolge ergibt sich aus dem relativen Deckungsbeitrag. Produkt B erwirtschaftet mit 2 € den höchsten Deckungsbeitrag pro Minute und erhält entsprechend den Rang 1; danach folgt Produkt A mit dem zweithöchsten relativen Deckungsbeitrag auf Rang 2 etc.

3) Entsprechend der Rangfolge werden zuerst das Produkt B und dann das Produkt A in das Produktionsprogramm eingeplant. Wie die folgende Nebenrechnung zeigt, bleibt für das Produkt C nicht mehr genügend Zeit übrig, um die mögliche Absatzmenge vollständig produzieren zu können:

	Kapazität = 480 Stunden • 60 Minuten	=	28.800	Minuten
-	Kapazitätsbedarf für Produkt B = 800 Stück • 15 Min./St.	=	12.000	Minuten
-	Kapazitätsbedarf für Produkt A = 500 Stück • 28 Min./St.	=	14.000	Minuten
=	verfügbare Kapazität für C = 28.800 -12.000 - 14.000	=	2.800	Minuten
	benötigte Fertigungszeit für Produkt C pro Stück	=	10	Minuten
	mögliche Absatzmenge von C = 2.800 Minuten : 10 Min./St.	=	280	Stück

4) Multipliziert man den Deckungsbeitrag pro Stück mit dem optimalen Produktionsprogramm erhält man den Deckungsbeitrag pro Periode. Der Deckungsbeitrag der Periode für das Produkt C ist nun mit 5 €/St. • 280 Stück = 1.400 € geringer als vorher, da aufgrund des Engpasses von Produkt C nur eine geringere Menge hergestellt und verkauft werden kann.

5.1.3 Bestimmung der Preisuntergrenze

In der Praxis können Preissenkungen bzw. Preiszugeständnisse sinnvoll sein, z. B. um die Absatzmenge eines Produktes zu steigern bzw. einen Kundenauftrag zu gewinnen. Für den Betrieb stellt sich dabei die Frage, wie hoch aus kostenrechnerischer Sicht die Preise mindestens sein müssen.

Für kurzfristige Entscheidungen sind die fixen Kosten nicht relevant, da sie kurzfristig nicht abgebaut werden können. Der Verkaufspreis muss aber zumindest die Kosten abdecken, die durch die Produktion und den Verkauf des Produktes oder die Annahme des Auftrages zusätzlich anfallen. Die kurzfristige Preisuntergrenze liegt entsprechend in Höhe der variablen Kosten pro Stück.

Zum selben Ergebnis sind wir übrigens bereits in Kapitel C 5.1.1 gekommen. Dort haben wir festgestellt, dass sich Produkte oder Aufträge mit positivem Deckungsbeitrag lohnen und umgekehrt Produkte oder Aufträge mit negativem Deckungsbeitrag das Betriebsergebnis verschlechtern. Die Grenze liegt also genau bei einem Deckungsbeitrag von 0; dies ist wiederum der Fall, wenn der Preis genauso hoch ist, wie die variablen Stückkosten.

Damit ein Unternehmen dauerhaft überleben kann, müssen die Preise jedoch die gesamten Kosten decken. Entsprechend liegt die langfristige Preisuntergrenze in Höhe der Selbstkosten je Stück.

Beispiel:

Ein Unternehmen stellt nur ein einziges Produkt her und verkauft davon durchschnittlich 800 Stück im Monat. Die fixen Kosten belaufen sich auf 40.000 € pro Monat und die variablen Kosten auf 70 € pro Stück.

$$\text{Kurzfristige Preisuntergrenze} = k_v = 70\ €$$

$$\text{Langfristige Preisuntergrenze} = \frac{SK}{\text{Stück}} = k_f + k_v = \frac{40.000}{800} + 70 = 50 + 70 = 120\ €$$

5.1.4 Ermittlung der Gewinnschwelle (Break-even-Analyse)

Die Gewinnschwelle (Break-even-Point) ist die Absatzmenge, bei der das Unternehmen keinen Verlust mehr bzw. einen Gewinn von 0 erwirtschaftet. Dies ist der Fall, wenn die Erlöse einer Periode genauso hoch sind wie die Kosten dieser Periode.

In einem Einproduktunternehmen lässt sich der Break-even-Point über eine einfache Gleichung ermitteln, indem man die Erlösfunktion E(x) gleich der Kostenfunktion K(x) setzt.

Beispiel:
Ein Unternehmen verkauft sein einziges Produkt für 150 € netto. Die fixen Kosten belaufen sich auf 18.000 € pro Monat und die variablen Kosten auf 90 € pro Stück. Die Absatzmenge x, bei der weder ein Verlust noch ein Gewinn anfällt, lässt sich wie folgt ermitteln:

$$\begin{array}{rrcl|l} & 150\,x & = & 18.000 + 90\,x & -\,90\,x \\ \rightarrow & 60\,x & = & 18.000 & :\,60 \\ \rightarrow & x & = & 18.000 : 60 & \\ \rightarrow & x & = & 300 & \end{array}$$

Die Gewinnschwelle liegt also bei 300 Stück. Bis 299 Stück macht das Unternehmen Verlust, ab 301 Stück erzielt es einen Gewinn.

Betrachtet man die vorletzte Gleichung, erkennt man, dass sich der Break-even-Point (BEP) auch schneller ermitteln lässt, indem man die Fixkosten durch den Deckungsbeitrag pro Stück teilt:

$$\text{BEP} = \frac{K_f}{db} = \frac{18.000\,€}{150\,€ - 90\,€} = \frac{18.000\,€}{60\,€} = 300 \text{ Stück}$$

Dieser Rechenweg lässt sich leicht begründen. Der Stückdeckungsbeitrag gibt an, in welcher Höhe das Produkt zur Deckung der fixen Kosten beiträgt. Sobald der gesamte Deckungsbeitrag ausreicht, die fixen Kosten abzudecken, wird kein Verlust mehr gemacht.

Grafische Darstellung der beiden Rechenwege

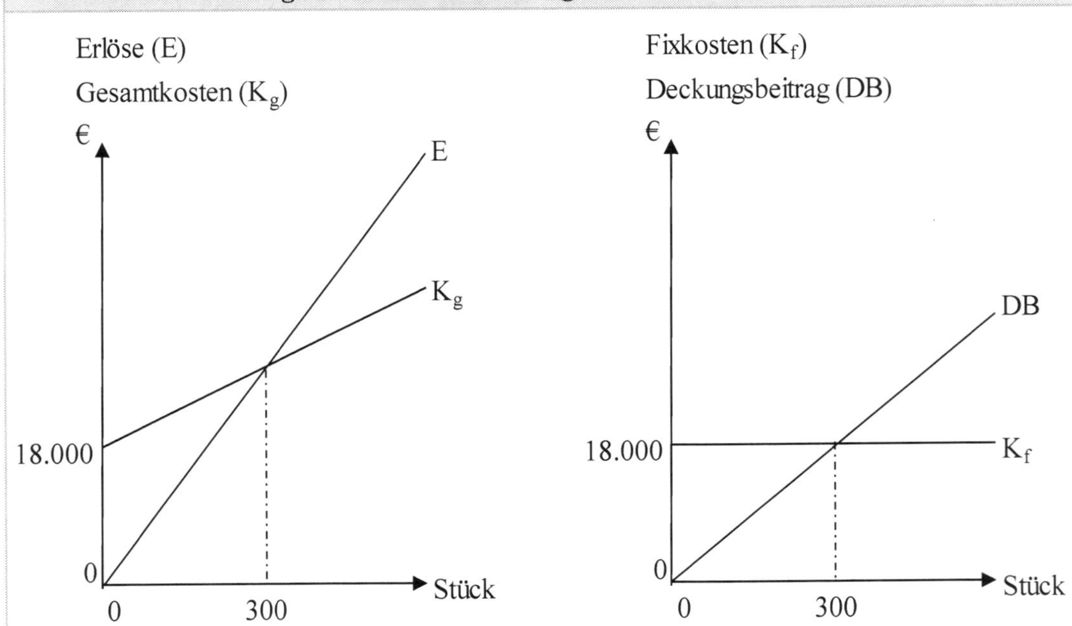

5.1.5 Eigenfertigung oder Fremdbezug

Oft stellt sich Industriebetrieben die Frage, ob es für sie günstiger ist, benötigte Bauteile selbst herzustellen (Eigenfertigung) oder diese von einem Lieferanten zu kaufen (Fremdbezug). Beim Kostenvergleich sind 2 Fälle zu unterscheiden.

Fall 1

Der Betrieb kann mit den bereits vorhandenen Kapazitäten (Maschinen, Personal etc.) das benötigte Bauteil herstellen. Die hiermit verbundenen fixen Kosten (Abschreibungen auf die Maschinen, Gehälter für das Personal) fallen auf jeden Fall weiterhin an, egal wie die Entscheidung ausfällt. Deshalb sind auch nur die variablen Kosten entscheidungsrelevant. Die Eigenfertigung ist für den Betrieb günstiger, wenn die variablen Kosten der Eigenfertigung niedriger sind als der Bezugspreis beim Kauf. Im umgekehrten Fall ist der Fremdbezug günstiger.

Beispiel:

Ein Betrieb stellt bisher das Bauteil X selbst her. Die hierfür eingesetzten Maschinen und Mitarbeiter verursachen 8.000 € fixe Kosten pro Monat. Die Herstellung des Bauteiles verursacht 70 € variable Kosten (Materialverbrauch etc.) pro Stück. Der Bezugspreis beim günstigsten Lieferanten beträgt 73 € pro Stück.

Lösung:

Die variablen Kosten bei Eigenfertigung liegen mit 70 € pro Stück unter dem Bezugspreis von 73 € pro Stück. Die Eigenfertigung ist für den Betrieb günstiger als der Kauf des Bauteiles.
Da sowohl bei der Eigenfertigung als auch beim Fremdbezug unverändert 8.000 € fixe Kosten anfallen werden, sind die fixen Kosten für die Entscheidung auch nicht relevant.

Fall 2

Beispiel:

Der Betrieb überlegt sich, ob er ein Bauteil Y, das er bisher zum Bezugspreis von 40 € eingekauft hat, nun selbst herstellen soll. Für die Eigenfertigung wäre allerdings die Anschaffung einer Maschine notwendig, die zusätzliche fixe Kosten von 2.000 € pro Monat verursachen würde. Die variablen Kosten der Herstellung werden auf 30 € pro Stück geschätzt. Pro Monat werden vom Bauteil Y durchschnittlich 100 Stück benötigt.

Lösung:

Die zusätzlichen fixen Kosten sind entscheidungsrelevant, da sie nur bei Eigenfertigung anfallen werden. Pro Stück müssen folglich bei der Eigenfertigung fixe Kosten in Höhe von 2.000 € : 100 Stück = 20 € berücksichtigt werden. Die fixen und die variablen Kosten pro Stück ergeben zusammen die Selbstkosten pro Stück in Höhe von 20 € + 30 € = 50 €. Da der Bezugspreis mit 40 € darunter liegt, ist es für den Betrieb günstiger, das Bauteil Y weiterhin einzukaufen.

5.2 Mehrstufige Deckungsbeitragsrechnung

Bei der einstufigen Deckungsbeitragsrechnung werden die Fixkosten in einem einzigen Betrag vom Gesamtdeckungsbeitrag abgezogen. Die mehrstufige Deckungsbeitragsrechnung berücksichtigt nun, dass manche fixe Kosten bereits dann entfallen, wenn einzelne Produkte oder Produktgruppen gestrichen werden. Die Vorgehensweise zeigt das folgende Beispiel auf:

	Produktgruppen	A		B	
	Produkte	A1	A2	B1	B2
	Umsatzerlöse	830.000 €	475.000 €	910.000 €	628.000 €
	- variable Kosten	560.000 €	420.000 €	870.000 €	513.000 €
1)	= Deckungsbeitrag 1	270.000 €	55.000 €	40.000 €	115.000 €
2)	- produktfixe Kosten	40.000 €	15.000 €	50.000 €	35.000 €
3)	= Deckungsbeitrag 2	230.000 €	40.000 €	-10.000 €	80.000 €
4)	- produktgruppenfixe Kosten	60.000 €		30.000 €	
5)	= Deckungsbeitrag 3	210.000 €		40.000 €	
6)	- unternehmensfixe Kosten	110.000 €			
7)	= Betriebsergebnis	140.000 €			

Erläuterungen:

1) Bis zur Ermittlung des Deckungsbeitrages 1 gibt es keine wesentlichen Unterschiede zwischen der einstufigen und der mehrstufigen Deckungsbeitragsrechnung.

2) Produktfixe (erzeugnisfixe) Kosten für Produkt A1 sind z. B. die Abschreibungen auf eine Maschine, auf der nur das Produkt A1 gefertigt wird.

3) Zur Errechnung des Deckungsbeitrages 2 zieht man vom Deckungsbeitrag 1 die produktfixen Kosten des betreffenden Produktes ab. Für das Produkt A1 ergibt sich so ein Deckungsbeitrag 2 in Höhe von 270.000 € - 40.000 € = 230.000 €.

4) Produktgruppenfixe (erzeugnisgruppenfixe) Kosten können abgebaut werden, wenn eine ganze Produktgruppe aus dem Sortiment gestrichen wird, z. B. die Miete für eine Werkshalle, in der nur die Produktgruppe A hergestellt wird.

5) Für die Ermittlung des Deckungsbeitrages 3 werden vom gesamten Deckungsbeitrag der Produktgruppe die betreffenden produktgruppenfixen Kosten abgezogen. Bei der Produktgruppe A ergibt dies 230.000 € + 40.000 € - 60.000 € = 210.000 €.

6) Unternehmensfixe Kosten entfallen erst dann, wenn das ganze Unternehmen geschlossen wird, z. B. das Gehalt des Geschäftsführers.

7) Am Ende wird die mehrstufige Deckungsbeitragsrechnung dasselbe Betriebsergebnis ausweisen, wie die einstufige Deckungsbeitragsrechnung. Sie liefert jedoch wichtige zusätzliche Informationen: In unserem Beispiel ist der Deckungsbeitrag 1 beim Produkt B1 mit 40.000 € positiv; die einstufige Deckungsbeitragsrechnung käme entsprechend zum Ergebnis, dass sich das Produkt lohnt. Die mehrstufige Deckungsbeitragsrechnung zeigt jedoch einen negativen Deckungsbeitrag 2 in Höhe von -10.000 € auf: Das Produkt erwirtschaftet also nicht seine produktfixen Kosten. Durch die Streichung des Produktes B1 könnte das Unternehmen sein Betriebsergebnis um 10.000 € erhöhen.

6 Plankostenrechnung

6.1 Aufgaben der Plankostenrechnung

Die Plankostenrechnung geht von den zukünftigen Erwartungen aus und plant die Kosten für die Planperiode detailliert im Voraus. Die Kostenplanung erfolgt differenziert nach Kostenarten, Kostenstellen und Kostenträgern und liefert so wichtige Informationen für betriebliche Entscheidungen.

Da bei der Ermittlung der Plankosten von einer wirtschaftlichen Durchführung des Leistungsprozesses ausgegangen wird, haben Plankosten Vorgabecharakter. Der Vergleich der Plankosten mit den Ist- und Normalkosten ermöglicht eine genaue Wirtschaftlichkeitskontrolle.
Eine aussagefähige Wirtschaftlichkeitskontrolle ist nicht möglich, wenn man lediglich die Istkosten verschiedener Perioden miteinander vergleicht, schließlich kann ja in jeder Periode unwirtschaftlich gearbeitet worden sein. Bei einer reinen Istkostenrechnung fehlen damit die Vorgabe- bzw. Sollwerte. Die Normalkostenrechnung schaltet im Gegensatz zur Istkostenrechnung zwar die Zufallsschwankungen aus, aber auch der Durchschnitt aus möglicherweise unwirtschaftlich hohen Kosten kann nicht der angestrebte Sollwert sein.

6.2 Ablauf der Plankostenrechnung

Die Plankostenrechnung läuft in folgenden Schritten ab:

1) Kostenstellenbildung

Die Planung und Kontrolle der Gemeinkosten erfolgt pro Kostenstelle. Nur so lässt sich ermitteln, wer die verschiedenen Abweichungen zwischen den geplanten Kosten und den tatsächlich angefallenen Kosten zu verantworten hat. Die Einteilung des Betriebes in Kostenstellen ist damit Voraussetzung für eine sinnvolle Plankostenrechnung.

2) Bezugsgrößenwahl und Bestimmung der Planbeschäftigung

Die Kosten sind natürlich abhängig von der Beschäftigung. Ausgehend vom Engpass (vorhandene Maschinen und Personal, maximale Absatzmenge) wird deshalb für jede Kostenstelle die Beschäftigung geplant. Geeignete Bezugsgrößen zur Festlegung der Planbeschäftigung sind die Produktionsmenge, die Laufzeit der Maschinen etc.

3) Kostenplanung

Für jede Kostenstelle wird nun ermittelt, welche Verbrauchsmengen zur Realisierung der Planbeschäftigung bei wirtschaftlichem Verhalten notwendig sind. Die Plankosten ergeben sich, indem man die geplanten Verbrauchsmengen mit den Planpreisen je Mengeneinheit multipliziert. Die Planpreise sollten dem Durchschnitt der für die Planperiode erwarteten Preise entsprechen.

4) Abweichungsanalyse

Nach Ablauf der Periode werden die tatsächlich angefallenen Kosten (Istkosten) mit den Plankosten verglichen und die Abweichungen analysiert.

6.3 Verfahren der Plankostenrechnung

6.3.1 Starre Plankostenrechnung

Hauptzweck der Plankostenrechnung ist die Kostenkontrolle. Nach Ablauf der Planungsperiode werden deshalb für jede Kostenstelle die tatsächlich eingetretene Beschäftigung (Istbeschäftigung) und die angefallenen Istkosten erfasst. Hatte die Kostenstelle weniger (mehr) zu tun, als geplant, dann sollten auch die Istkosten niedriger (höher) sein als die Plankosten. Es macht folglich keinen Sinn, die Istkosten unkorrigiert mit den Plankosten zu vergleichen. Deshalb werden die Plankosten mithilfe des Plankostenverrechnungssatzes auf die Istbeschäftigung umgerechnet.

Schauen wir uns die Vorgehensweise anhand eines Beispiels an:

In der Kostenstelle Fertigung wurden für den Monat März 54.000 € Kosten eingeplant, ausgehend von einer Produktionsmenge in Höhe von 600 Stück. Nach Ablauf des Monats wird festgestellt, dass die tatsächliche Beschäftigung nur bei 250 Stück lag, wobei 48.000 € Kosten angefallen sind.

Der Plankostenverrechnungssatz gibt an, wie hoch die geplanten Kosten pro Einheit sind:

$$\text{Plankosten(verrechnungs)satz} = \frac{\text{Plankosten}}{\text{Planbeschäftigung}} = \frac{54.000\ €}{600\ \text{Stück}} = 90\ €/\text{St.}$$

Werden die Plankosten umgerechnet auf die Istbeschäftigung, ergeben sich folgende Kosten:

$$\begin{aligned}\text{Verrechnete Plankosten} &= \text{Plankostensatz} \bullet \text{Istbeschäftigung} \\ &= 90\ €/\text{St.} \bullet 250\ \text{Stück} = 22.500\ €\end{aligned}$$

Zieht man von den verrechneten Plankosten die Istkosten ab, erhält man die Gesamtabweichung:

$$\text{Gesamtabweichung} = \text{verrechnete Plankosten} - \text{Istkosten} = 22.500\ € - 48.000\ € = -\ 25.500\ €$$

Grafische Darstellung der Kostenabweichung

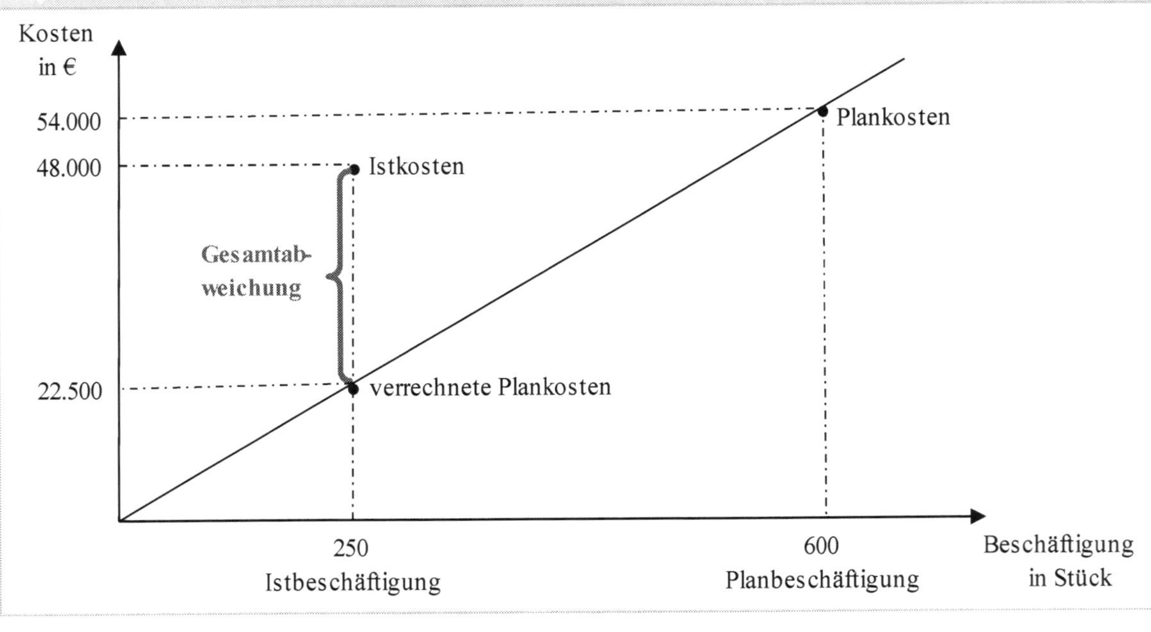

Der Plankostenverrechnungssatz ist ein Vollkostensatz. Die starre Plankostenrechnung unterscheidet also nicht zwischen fixen und variablen Kosten. Bei der Ermittlung der verrechneten Plankosten wird durch die Verwendung eines Vollkostensatzes in unserem Beispiel so getan, als ob für jedes Stück weniger auch 90 € weniger Kosten anfallen müssten. Aufgrund der geringeren Stückzahl müssten jedoch nur die variablen Kosten sinken, nicht jedoch die fixen Kosten. Die verrechneten Plankosten sind somit kein geeigneter Vorgabewert. Der Leiter der Kostenstelle kann nicht für die gesamte Abweichung verantwortlich gemacht werden. Zur Lösung dieses Problems wurde die flexible Plankostenrechnung entwickelt, die wir im folgenden Kapitel behandeln werden.

6.3.2 Flexible Plankostenrechnung

Die flexible Plankostenrechnung macht für jede Istbeschäftigung eine Kostenvorgabe, die auf der klaren Trennung zwischen fixen und variablen Plankosten beruht.

Schauen wir uns die Vorgehensweise anhand desselben Beispiels wie im vorherigen Kapitel an:

Die Kostenplaner gehen davon aus, dass sich die 54.000 € Plankosten in 30.000 € fixe und 24.000 € variable Kosten aufteilen.

Es wird also mit variablen Kosten in Höhe von 24.000 € : 600 Stück = 40 € pro Stück geplant.

Damit ergeben sich bei einer Istbeschäftigung von 250 Stück folgende Sollkosten als Kostenvorgabe:

Sollkosten = fixe Plankosten + variable Plankosten pro Stück • Istbeschäftigung
= 30.000 € + 40 €/St. • 250 Stück = 30.000 € + 10.000 € = 40.000 €

Die Differenz zwischen den Sollkosten und den Istkosten ergibt die Verbrauchsabweichung. Diese stellt den wertmäßigen Mehr- oder Minderverbrauch an Produktionsfaktoren dar und lässt sich aufspalten in eine

- Preisabweichung (Beispiele: Die Rohstoffpreise sind überraschend gesunken. Es kam zu Lohnerhöhungen) und eine
- Mengenabweichung (Beispiele: Die Fertigungszeit für ein Produkt war kürzer als geplant. Pro Stück wurde mehr Material verbraucht, als vorgesehen war).

Da der Leiter der Kostenstelle in der Regel nur die Mengenabweichung zu verantworten hat, ist es sinnvoll, aus der Verbrauchsabweichung die Preisabweichung herauszurechnen, so dass nur noch die reine Mengenabweichung übrig bleibt. Dies lässt sich erreichen, indem man sowohl zur Berechnung der Istkosten als auch der Sollkosten konstante Verrechnungspreise verwendet.

In unserem Beispiel ergibt sich folgende Verbrauchsabweichung:

Verbrauchsabweichung = Sollkosten - Istkosten = 40.000 € - 48.000 € = - 8.000 €

Für alle Abweichungen gilt: Kommt bei der Berechnung ein negativer Wert heraus, handelt es sich auch aus wirtschaftlicher Sicht um einen negativen Sachverhalt. In unserem Beispiel kam es entweder zu einem Mehrverbrauch an Material, Arbeitszeit etc. oder die Preise waren höher als geplant.

Die Differenz zwischen den verrechneten Plankosten und den Sollkosten ergibt die Beschäftigungsabweichung. Selbst bei wirtschaftlichem Verhalten wird es zwangsläufig in einer Kostenstelle zu einer Beschäftigungsabweichung kommen, wenn die Istbeschäftigung nicht mit der Planbeschäftigung übereinstimmt. Der Grund sind die im Plankostenverrechnungssatz enthaltenen fixen Kosten. Liegt die Istbeschäftigung unter der Planbeschäftigung, verteilen sich die (gleichbleibenden) fixen Kosten auf eine geringere Stückzahl, damit steigen die fixen Kosten pro Stück. Die Beschäftigungsabweichung zeigt damit auf, in welchem Umfang durch die Verwendung des Plankostenverrechnungssatzes mit zu niedrigen (bei Unterbeschäftigung) oder zu hohen (Kapazitätsauslastung ist höher als geplant) fixen Kosten kalkuliert wurde.

Beschäftigungsabweichung = verrechnete Plankosten - Sollkosten
= 22.500 € - 40.000 € = - 17.500 €

Da die Kostenstellenleiter in der Regel die Kapazitätsauslastung ihrer Kostenstelle nicht beeinflussen können, kann man sie auch nicht für die Beschäftigungsabweichung verantwortlich machen.

Die flexible Plankostenrechnung kommt zur selben Gesamtabweichung wie die starre Plankostenrechnung:

Gesamtabweichung = verrechnete Plankosten - Istkosten
= 22.500 € - 48.000 € = - 25.500 €

oder

Gesamtabweichung = Verbrauchsabweichung + Beschäftigungsabweichung
= - 8.000 € - 17.500 € = - 25.500 €

Grafische Darstellung der Kostenabweichung

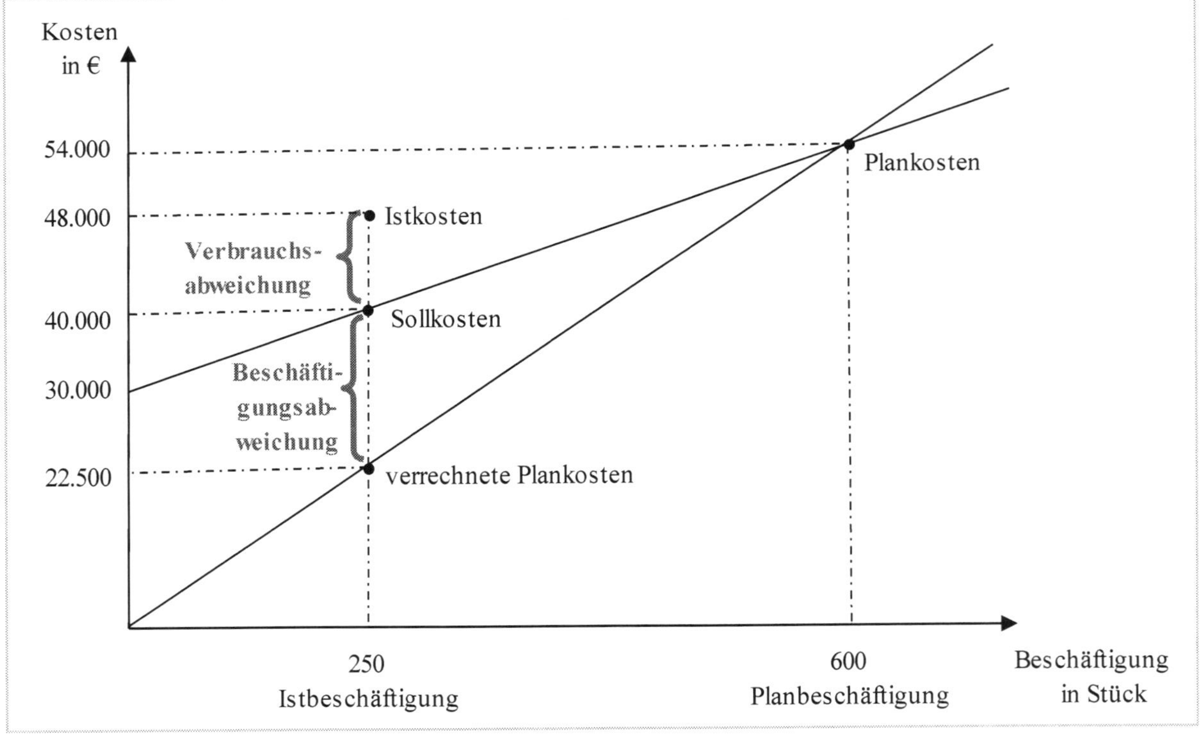

7 Zielkostenrechnung (Target Costing)

Die traditionelle Angebotskalkulation stellt die Frage: „Was wird ein Produkt kosten?". Die geschätzten Kosten plus Gewinnzuschlag ergeben dann den Angebotspreis. Die Zielkostenrechnung stellt die umgekehrte Frage: „Was darf ein Produkt höchstens kosten, damit es zu einem marktgerechten Preis angeboten werden kann und einen angemessenen Gewinn abwirft?".

Ablauf der Zielkostenrechnung

1) Marktforschung

Mithilfe der Marktforschung müssen zunächst folgende Fragen geklärt werden:

- Welche Produkteigenschaften erwarten die Kunden und wie wichtig sind ihnen diese Eigenschaften?
- Welchen Preis würden die Kunden für ein Produkt, das diesen Kundenwünschen genau entspricht, gerade noch akzeptieren?

Der so ermittelte wettbewerbsfähige Marktpreis wird Zielpreis genannt.

2) Ermittlung der erlaubten Kosten

Zieht das Unternehmen vom Zielpreis die angestrebte Gewinnspanne ab, erhält es die maximal zulässigen (erlaubten) Kosten zur Erreichung des Zielgewinns:

Zielpreis (Target Price) - Zielgewinn (Target Profit) = erlaubte Kosten (Allowable Costs)

3) Grobentwurf des Produktes und Ableitung der Standardkosten

Entsprechend den Ergebnissen der Marktforschung erfolgt ein erster Grobentwurf des Produktes. Anschließend wird ermittelt, wie hoch die Kosten bei den vorgesehenen Produktionsbedingungen im Normalfall sein werden. Diese Standardkosten (Drifting Costs) werden nun mit den erlaubten Kosten verglichen.

4) Bestimmung der Zielkosten

In den meisten Fällen werden die Standardkosten höher sein als die erlaubten Kosten, so dass sich ein Kostenreduzierungsbedarf ergibt. Die Zielkostenrechnung soll nun eine marktgerechte Lösung dieses Problems sicherstellen. Hierzu werden die insgesamt erlaubten Kosten entsprechend den Marktforschungsergebnissen nach folgendem Prinzip auf die einzelnen Produktkomponenten aufgeteilt: Produktkomponenten, die in hohem Umfang zur Erfüllung wichtiger Kundenwünsche beitragen, dürfen auch höhere Kosten verursachen und umgekehrt.

Da in der Praxis die Standardkosten trotz intensiver Bemühungen nicht immer bis auf die erlaubten Kosten gesenkt werden können, muss das Management für die verschiedenen Produktkomponenten die absoluten Kostenobergrenzen festlegen. Diese Obergrenzen werden Zielkosten (Target Costs) genannt.

5) Produkteinführung und Kostenkontrolle

Das Produkt wird entsprechend dem letzten Produktentwurf hergestellt und verkauft. Regelmäßig wird die Einhaltung der Zielkosten kontrolliert.

Der geschilderte Ablauf zeigt auf, dass 2 Aspekte für die Zielkostenrechnung typisch sind:

- Sie ist marktorientiert.
- Ihr Hauptansatzpunkt sind die frühen Phasen im Produktlebenszyklus, da bereits bei der Produktentwicklung und Planung der Produktionsverfahren ein Großteil der Kosten voraus bestimmt werden.

Anwendungsbeispiel

Ausgangsdaten:

- Ein Hersteller von Elektrofahrrädern führt vor der Entwicklung eines neuen Modells eine Kundenbefragung durch. Die Marktforschung ergibt, dass die Reichweite zu 50 %, der Fahrkomfort zu 30 % und die Höchstgeschwindigkeit zu 20 % den Wert des Produktes für den Kunden bestimmen. 1.400 € betrachten die Kunden als akzeptablen Preis für das Produkt.
- Das Entwicklerteam kommt in internen Studien zu dem Ergebnis, dass die Reichweite zu 80 %, der Fahrkomfort zu 10 % und die Höchstgeschwindigkeit zu 25 % vom Akku abhängig sind.
- Das Unternehmen strebt eine Umsatzrendite von 10 % an.
- Vereinfachend wird unterstellt, dass die erlaubten Kosten erreichbar sind und damit mit den Zielkosten übereinstimmen.

Lösung:

Welche Produktfunktionen erwartet der Kunde	Reichweite		Fahrkomfort		Höchstgeschwindigkeit		Summe
Welche Bedeutung haben diese Funktionen für ihn	50%		30%		20%		
	•		•		•		
Beitrag des Akkus zu den Produktfunktionen	80%		10%		25%		
	=		=		=		
Gesamtbeitrag des Akkus zum Kundennutzen	40%	+	3%	+	5%	=	48%

Zielkosten für das Fahrrad = Verkaufspreis - 10 % Umsatzrendite
= 1.400 € - 1.400 € • 10 % = 1.400 € - 140 € = 1.260 €

Zielkosten für den Akku = 1.260 € • 48 % = 604,80 €

Der Akku sollte also nicht mehr als 604,80 € an Kosten verursachen.

D Aufgaben

0 Hinweise

Sämtliche Aufgaben des Kapitels D orientieren sich an den IHK-Abschlussprüfungen der IT-Berufe (IT-System-Kaufleute und Informatikkaufleute) der letzten Jahre.

Die Zusammenstellung der Aufgaben erfolgte nach folgenden Prinzipien:

- Die Aufgabensammlung soll die bisher geprüften Themengebiete weitgehend abdecken.
- Aufgabentypen, die in den Abschlussprüfungen in ähnlicher Form immer wieder gestellt wurden und entsprechend wichtig sind, sollen auch in der Aufgabensammlung häufiger vertreten sein. Wenn Sie alle Aufgaben bearbeiten, üben Sie so automatisch die besonders wichtigen Aufgaben intensiver.

Gibt es für einen Aufgabentyp (z. B. die Handelskalkulation) ein übliches Schema (z. B. das Kalkulationsschema), dann sollten Sie dieses auch verwenden, unabhängig davon, ob es in der Aufgabenstellung vorgegeben wird oder nicht.

Schreiben Sie zumindest die wesentlichen Rechenschritte auf, auch wenn es in der Aufgabenstellung nicht extra verlangt wird. Stimmt das Endergebnis nicht, haben Sie so immer noch die Chance auf Teilpunkte; außerdem verlieren Sie so weniger schnell den Überblick.

Runden Sie immer auf 2 Stellen nach dem Komma, es sei denn in der Aufgabenstellung wird etwas anderes verlangt.

Bei den Kostenrechnungsaufgaben wird häufig nicht angegeben, ob es sich bei den aufgeführten Beträgen um Brutto- oder Nettobeträge handelt. Gehen Sie in diesem Fall immer von Nettobeträgen aus.

Bei einigen Aufgaben im Kapitel D handelt es sich im Wesentlichen um Mathematikaufgaben; besondere Kenntnisse aus der Buchhaltung oder der Kosten- und Leistungsrechnung sind entweder gar nicht (Aufgaben 1, 21 und 46) oder nur in geringem Umfang (Aufgaben 22, 23 und 38) notwendig.

1 Verfügbare Arbeitsstunden errechnen

Die Vertriebsmitarbeiter der Leasing AG sollen über ihre Smartphones direkten Zugriff auf die benötigten Firmendaten erhalten. Für die Umsetzung dieses Vorhabens stellt die Geschäftsleitung dem Projektleiter ein Budget von 28.000,00 € zur Verfügung. Das Projektteam setzt sich aus Mitarbeitern der Abteilungen Vertrieb und EDV zusammen. Die Arbeitsstunde wird bei den Vertriebsmitarbeitern mit 65,00 € und bei den EDV-Mitarbeitern mit 70,00 € kalkuliert. Außerdem ist der Einsatz eines externen Spezialisten vorgesehen, mit dem ein Festbetrag von 7.600,00 € ausgehandelt wurde.

Errechnen Sie, wie viele Stunden mit dem zur Verfügung stehenden Budgetanteil jeweils die Vertriebsmitarbeiter und die EDV-Mitarbeiter eingesetzt werden können. Berücksichtigen Sie dabei, dass von den verfügbaren Arbeitsstunden 40 % auf die Vertriebsmitarbeiter und 60 % auf die EDV-Mitarbeiter entfallen sollen.

2 Rechnungsangaben

Die Schmidt & Söhne KG erhält folgende Rechnung:

EXPERT GmbH
Musterstraße 43
12088 Berlin

Tel: 030/80997766
Fax: 030/80997767

EXPERT GmbH, Musterstraße 43, 12088 Berlin

Schmidt & Söhne KG
Finkenweg 18
12117 Berlin

Rechnung

Kundennummer: K0176
Auftragsnummer: A13/0241
Lieferdatum: 03.03.2014

Pos	Menge	Bezeichnung	Einzelpreis EUR	Gesamtpreis EUR
1	1	Lizenz ORGA4	300,00	300,00
			Summe (netto)	300,00
			USt. 19 %	57,00
			Rechnungsbetrag (brutto)	357,00

Zahlung innerhalb von 14 Tagen ohne Abzug.

Bankverbindung

IBAN: DE85200411110123456700
BIC: COBADEHDXXX

Da die Rechnung nicht den DIN-Normen entspricht, wird sie besonders genau geprüft. Dabei werden einige Mängel festgestellt. Beispielsweise fehlen Angaben zu den Geschäftsführern und dem zuständigen Amtsgericht.

Außerdem enthält die Rechnung nicht alle gesetzlich für Rechnungen vorgeschriebenen Pflichtangaben. Nennen Sie 3 fehlende Rechnungsangaben.

3 Stichtagsinventur und permanente Inventur

Nachdem die Schmidt & Partner KG ein Warenwirtschaftssystem eingeführt hat, soll bei den Warenbeständen die bisherige zeitnahe Stichtagsinventur durch eine permanente Inventur ersetzt werden.

Erläutern Sie den Unterschied zwischen den beiden Inventurverfahren.

4 Begriffe aus der Buchhaltung

Der Controller der ITEC GmbH hat in seinen monatlichen Analysen eine bedrohliche Entwicklung festgestellt: Der Umfang an offenen Posten mit überschrittenem Zahlungsziel steigt stetig.

Erklären Sie die beiden Begriffe „Zahlungsziel" und „offene Posten".

5 Inventur und Jahresabschluss

Die Schmidt & Partner KG ist ein Händler für Hard- und Software. Zum Ende des Geschäftsjahres soll der Jahresabschluss erstellt werden.

a) Zur Ermittlung der verschiedenen Vermögens- und Schuldenpositionen führt die KG sowohl eine körperliche Inventur als auch eine Buchinventur durch. Erläutern Sie den Unterschied zwischen den beiden Verfahren und bringen Sie für jedes Verfahren 2 Beispiele.

b) Die KG möchte die Nachteile der Stichtagsinventur vermeiden. Nennen Sie 2 vom Gesetzgeber zugelassene Möglichkeiten zur Vereinfachung der Inventur und erläutern Sie 1 gemeinsamen Vorteil dieser Verfahren gegenüber der Stichtagsinventur.

c) Das Notebook N41 kann die KG mit ordentlichem Gewinn verkaufen. Beim Auslaufmodell N13 liegt der Verkaufspreis jedoch unter dem Einstandspreis. Erklären Sie, mit welchem Wert die beiden Notebooks jeweils in der Bilanz anzusetzen sind.

d) In der EDV-Abteilung der KG werden 2 Server eingesetzt; zu welcher Bilanzposition gehören diese?

e) Die KG weist auf der Passivseite der Bilanz eine Rückstellung aus. Geben Sie 2 Sachverhalte an, für die Rückstellungen gebildet werden dürfen.

6 Welche Art der Bilanzveränderung liegt vor?

Wie verändert sich die Bilanz, wenn Verbindlichkeiten beim Lieferanten bezahlt werden? Nennen und erläutern Sie den Fachbegriff für die betreffende Bilanzveränderung.

7 Abschluss des GuV-Kontos

Zum Ende des Geschäftsjahres weist das Gewinn- und Verlustkonto der EXPERT GmbH folgende Werte aus:

S	Gewinn- und Verlustkonto		H
Gehälter	620.000,00 €	Umsatzerlöse	860.000,00 €
Miete	84.000,00 €	Zinserträge	2.400,00 €
Büromaterial	7.300,00 €		
Abschreibungen	14.000,00 €		

a) Ermitteln Sie den Erfolg der GmbH im abgelaufenen Jahr.

b) Bilden Sie den Buchungssatz für den Abschluss des Gewinn- und Verlustkontos.

8 Umsatzsteuer

Kauft ein Händler Ware ein, fällt im Regelfall zusätzlich zum Nettobetrag 19 % Mehrwertsteuer an. Bei einem Nettobetrag von 100,00 € hat er also den Bruttobetrag von 119,00 € an seinen Lieferanten zu zahlen. Erklären Sie, warum der Händler bei der Kalkulation des Verkaufspreises dennoch nur den Nettobetrag in Höhe von 100,00 € als Kosten für die eingekaufte Ware ansetzen wird.

9 Ermittlung und Buchung der Umsatzsteuerzahllast

Für den abgelaufenen Monat muss die EXPERT GmbH die Umsatzsteuervoranmeldung beim Finanzamt einreichen. Zum Monatsende weisen die Konten Vorsteuer und Umsatzsteuer folgende Salden auf:

S	Vorsteuer	H
5.700,00 €		

S	Umsatzsteuer	H
		14.900,00 €

a) Bilden Sie den Buchungssatz zur Ermittlung der Umsatzsteuerzahllast.

b) Bilden Sie den Buchungssatz für die anschließende Bezahlung der Zahllast durch Banküberweisung.

10 Buchung: Rechnungseingang

Die Schmidt & Partner KG ist ein Händler für Hard- und Software. Für den Einkauf von PCs erhält sie von ihrem Lieferanten eine Rechnung über 12.400,00 € netto.

Buchen Sie den Eingang der Rechnung.

Hinweis: Sie können sowohl bestandsorientiert als auch verbrauchsorientiert buchen.

11 Buchung: Bezahlung einer Eingangsrechnung

Sie sind Mitarbeiterin der Software GmbH Aachen. Diese hat vor 30 Tagen Büromöbel für 4.300,00 € (brutto) auf Ziel gekauft. Der fällige Rechnungsbetrag wird nun überwiesen. Buchen Sie die Bezahlung der Rechnung.

12 Buchung: Eingangsrechnung mit Fracht und Rücksendung

Die Schmidt & Partner KG ist ein Händler für Hard- und Software.

a) Für den Einkauf von PCs erhält sie von ihrem Lieferanten folgende (auszugsweise abgebildete) Rechnung:

Rechnung

Pos.	Bezeichnung	Anzahl	Einzelpreis EUR	Gesamtpreis EUR
1	PC HD2035	4	390,00	1.560,00
2	PC HF1105	5	520,00	2.600,00
3	Fracht	1	120,00	120,00
		Rechnungsbetrag (netto)		4.280,00
		+ 19 % Mehrwertsteuer		813,20
		Rechnungsbetrag (brutto)		5.093,20

Zahlung innerhalb von 14 Tagen ab Rechnungsdatum ohne Abzug.

Auszug aus dem Kontenplan:

- Forderungen aus LL
- Verbindlichkeiten aus LL
- Vorsteuer
- Umsatzsteuer
- Wareneingang
- Warenausgang
- Bezugskosten
- Bank

Buchen Sie den Eingang der Rechnung.

b) Einer der PCs ist beschädigt. Mit dem Lieferanten wird vereinbart, dass er diesen bei der nächsten Lieferung mitnehmen wird. Dafür erhält die KG folgende (auszugsweise abgebildete) Gutschrift:

Gutschrift

Pos.	Bezeichnung	Anzahl	Einzelpreis EUR	Gesamtpreis EUR
1	PC HD2035	1	390,00	390,00
			Gutschriftsbetrag (netto)	390,00
			+ 19 % Mehrwertsteuer	74,10
			Gutschriftsbetrag (brutto)	464,10

Bilden Sie den Buchungssatz für die Gutschrift.

Hinweis:
Die Frachtkosten bleiben unverändert und können deshalb in Teilaufgabe b) ignoriert werden.

13 Buchung: Rechnungseingang und Bezahlung mit Skonto

Die EMA GmbH Aachen, ein Hersteller von elektronischen Messgeräten, bestellt Schrauben für die Produktion. Der Listeneinkaufspreis beträgt 200,00 € netto.

Auszug aus dem Kontenplan:

- Hilfsstoffe
- Nachlässe
- Forderungen aus LL
- Verbindlichkeiten aus LL
- Vorsteuer
- Umsatzsteuer
- Bank
- Kasse
- Umsatzerlöse

a) Bilden Sie den Buchungssatz für den Eingang der Rechnung.

b) Der fällige Rechnungsbetrag wird innerhalb der Skontofrist unter Abzug von 3 % Skonto überwiesen. Buchen Sie die Bezahlung der Rechnung.

c) Warum ist es sinnvoll, die erhaltenen Skonti auf einem Unterkonto separat zu erfassen?

14 Buchung: Rechnungsausgang und Zahlungseingang

Die DVO Management Consulting GmbH hat sich auf die Optimierung von Geschäftsprozessen in der metallverarbeitenden Industrie spezialisiert.

a) Für den Auftrag mit der Nummer: AT14-0108 wurde folgende (auszugsweise dargestellte) Rechnung erstellt:

Auftrag Nr.: AT14-0108
Rechnung Nr.: AR14-0207-019

Pos.	Bezeichnung	Menge	Einzelpreis EUR	Gesamtpreis EUR
1	Beratung	90 Stunden	80,00	7.200,00
			Zwischensumme	7.200,00
			Rabatt 8 %	576,00
			Rechnungsbetrag (netto)	6.624,00
			19 % Mehrwertsteuer	1.258,56
			Rechnungsbetrag (brutto)	7.882,56

Zahlung innerhalb von 14 Tagen ab Rechnungsdatum ohne Abzug.

Auszug aus dem Kontenplan:

- Forderungen aus LL
- Verbindlichkeiten aus LL
- Vorsteuer
- Umsatzsteuer
- Umsatzerlöse
- Warenbestand
- Bank
- Kasse

Bilden Sie den Buchungssatz für diese Ausgangsrechnung und geben Sie für jedes verwendete Konto an, ob es sich um ein Aktiv-, Passiv-, Aufwands- oder Ertragskonto handelt.

b) Der Kunde überweist innerhalb des Zahlungsziels den Rechnungsbetrag. Buchen Sie den Zahlungseingang.

c) Erläutern Sie, ob bereits die Buchung der Ausgangsrechnung sich positiv auf das Betriebsergebnis der GmbH auswirkt oder erst der Zahlungseingang.

15 Buchung: Rechnungsausgang, Verzugszinsen und Zahlungseingang

Die DVO Management Consulting GmbH hat sich auf die Optimierung von Geschäftsprozessen in der metallverarbeitenden Industrie spezialisiert.

a) Für den Auftrag mit der Nummer: AT14-0126 wurde folgende (auszugsweise dargestellte) Rechnung erstellt:

Auftrag Nr.: AT14-0126
Rechnung Nr.: AR14-0234-027

Pos.	Bezeichnung	Menge	Einzelpreis EUR	Gesamtpreis EUR
1	Beratung	60 Stunden	75,00	4.500,00
		Rechnungsbetrag (netto)		4.500,00
		19 % Mehrwertsteuer		855,00
		Rechnungsbetrag (brutto)		5.355,00

Zahlung innerhalb von 14 Tagen ab Rechnungsdatum ohne Abzug.

Bilden Sie den Buchungssatz für diese Ausgangsrechnung.

b) Nach Ablauf des Zahlungsziels wurde der Kunde bereits einmal angemahnt. Da immer noch kein Zahlungseingang erfolgte, verschickt die GmbH nun eine etwas schärfer formulierte Mahnung und verlangt zusätzlich 20,00 € Verzugszinsen. Bilden Sie den Buchungssatz für die Forderung der Verzugszinsen.

c) Der Kunde überweist schließlich den geforderten Geldbetrag (Rechnungsbetrag plus Verzugszinsen). Buchen Sie den Zahlungseingang.

16 Buchung: Preisnachlass und Zahlungseingang

Sie sind Mitarbeiter der Schmidt & Partner KG, einem Händler für Hard- und Software. Für eine Warenlieferung wurde dem Kunden, der Metallwerke Düsseldorf GmbH, folgende (auszugsweise abgebildete) Rechnung zugesandt:

Rechnung Nr.: AR14-01209-06

Pos.	Bezeichnung	Anzahl	Einzelpreis EUR	Gesamtpreis EUR
1	ERP-Lizenz	1	12.600,00	12.600,00
2	PC SF3502	4	800,00	3.200,00
		Rechnungsbetrag (netto)		15.800,00
		+ 19 % Mehrwertsteuer		3.002,00
		Rechnungsbetrag (brutto)		18.802,00

Zahlung sofort ohne Abzug.

Bei der Qualitätsprüfung stellt die Metallwerke Düsseldorf GmbH fest, dass 1 PC kleinere Lackmängel aufweist. Die Schmidt & Partner KG gewährt deshalb ihrem Kunden für diesen PC einen Preisnachlass von 5 %. Daraufhin überweist die Metallwerke Düsseldorf GmbH den entsprechend verringerten Rechnungsbetrag.

Auszug aus dem Kontenplan:

- Forderungen aus LL
- Verbindlichkeiten aus LL
- Vorsteuer
- Umsatzsteuer
- Umsatzerlöse
- Erlösberichtigungen
- Außerordentliche Erträge
- Außerordentliche Aufwendungen
- Warenbestand
- Bank
- Kasse

Bilden Sie den Buchungssatz für den Zahlungseingang und geben Sie für jedes verwendete Konto an, ob es sich um ein Aktiv-, Passiv-, Aufwands- oder Ertragskonto handelt.

17 Buchung: Zahlungseingang mit Skonto

Sie sind Mitarbeiterin der Schmidt & Partner KG, einem Händler für Hard- und Software. Für eine Warenlieferung wurde dem Kunden, der KSW AG, folgende (auszugsweise abgebildete) Rechnung zugesandt:

Rechnung Nr.: AR14-01321-054

Pos.	Bezeichnung	Anzahl	Einzelpreis EUR	Gesamtpreis EUR
1	PC HX1450	10	560,00	5.600,00
2	PC SF1720	5	640,00	3.200,00
		Rechnungsbetrag (netto)		8.800,00
		+ 19 % Mehrwertsteuer		1.672,00
		Rechnungsbetrag (brutto)		10.472,00

Zahlungsbedingungen:
Innerhalb von 10 Tagen ab Rechnungsdatum mit 2 % Skonto, innerhalb von 30 Tagen ab Rechnungsdatum ohne Abzug.

Auszug aus dem Kontenplan:

- Forderungen aus LL
- Verbindlichkeiten aus LL
- Vorsteuer
- Umsatzsteuer
- Umsatzerlöse
- Erlösberichtigungen
- Nachlässe für Waren
- Außerordentliche Erträge
- Außerordentliche Aufwendungen
- Waren (Bestandskonto)
- Bank
- Kasse

Die KSW AG nutzt die Skontierungsmöglichkeit aus und überweist den Rechnungsbetrag innerhalb von 10 Tagen. Bilden Sie den Buchungssatz für den Zahlungseingang.

18 Buchung: Kundenboni

Die Schmidt & Partner KG gewährt Kunden mit einem Jahresumsatz von mindestens 10.000,00 € brutto einen Bonus in Höhe von 4 %. Der Kunde mit der Debitoren-Kontonummer 10172 bestellte im abgelaufenen Jahr Ware im Gesamtwert von 14.280,00 € (inklusive 19 % Umsatzsteuer). Bilden Sie den Buchungssatz für die Bonusgutschrift.

19 Unterjährige (monatsgenaue) Abschreibung

Die EXPERT GmbH stattet die Marketingabteilung mit neuen PCs aus:

- Anschaffungsdatum: 16. April
- Anschaffungskosten brutto: 7.854,00 €
- Umsatzsteuersatz: 19 %
- Nutzungsdauer: 3 Jahre
- Abschreibung: linear

a) Ermitteln Sie die jährlichen Abschreibungsbeträge:

	Abschreibungsbetrag
1. Jahr	
2. Jahr	
3. Jahr	
4. Jahr	

b) Erklären Sie kurz, wie sich die Abschreibung auf den Unternehmenserfolg auswirkt.

20 Bilanzielle und kalkulatorische Abschreibung

Der Geschäftswagen der EXPERT GmbH soll zum Jahresende 2013 abgeschrieben werden. Folgende Daten liegen vor:

- Anschaffungswert (netto) Anfang 2011: 30.000,00 €
- Aktueller Wiederbeschaffungswert (netto): 32.000,00 €
- Restbuchwert vor der Abschreibung für 2013: 20.000,00 €
- Abschreibungsdauer laut amtlicher AfA-Tabelle bei Pkws: 6 Jahre (AfA = Absetzung für Abnutzung)
- Vom Unternehmen geplante Nutzungsdauer: 5 Jahre
- Sowohl in der Finanzbuchhaltung als auch in der Kosten- und Leistungsrechnung wird der Pkw linear abgeschrieben.

a) Errechnen Sie die bilanzielle Abschreibung (Abschreibungsaufwand) für das Jahr 2013.

b) Bilden Sie den Buchungssatz für die bilanzielle Abschreibung des Geschäftswagens.

Auszug aus dem Kontenplan:

- Fuhrpark
- BGA
- Geringwertige Wirtschaftsgüter
- Vorsteuer
- Umsatzsteuer
- Bank
- Abschreibung Fuhrpark
- Abschreibung BGA

c) Errechnen Sie die kalkulatorische Abschreibung (Abschreibungskosten) für das Jahr 2013.

d) Erklären Sie, warum in der Finanzbuchhaltung und in der Kosten- und Leistungsrechnung jeweils unterschiedliche Ausgangswerte zur Berechnung der Abschreibungen verwendet werden.

21 Bezahlung mit Skonto?

Die EXPERT GmbH erhält von ihrem Lieferanten eine Rechnung über 2.856,00 € brutto mit folgenden Zahlungsbedingungen: „Zahlung innerhalb von 28 Tagen netto Kasse, bei Zahlung innerhalb von 8 Tagen 2 % Skonto.

Um Skonto nutzen zu können, müsste die GmbH ihren Kontokorrentkredit (Zinssatz 9 % p. a.) in Anspruch nehmen. Errechnen Sie den Finanzierungsgewinn oder -verlust, wenn die GmbH unter Ausnutzung von Skonto bezahlt.

Bei der Zinsberechnung geht die Bank von 360 Tagen pro Jahr aus.

22 Kosten pro Telefoneinheit und Rentabilität

Das Hotel Seeblick plant die Anschaffung einer VoIP-Gästetelefonanlage. Die IT-Service GmbH wurde mit der Planung und Realisierung des Projektes beauftragt. Für die ausgewählte Telefonanlage liegen folgende Daten vor:

Anschaffungskosten:	180.000,00 €
Nutzungsdauer:	5 Jahre
Betriebskosten (jährlich):	26.400,00 €
Wartungskosten (monatlich):	2.500,00 €

Jahr	Telefoneinheiten der Gäste
2011	223.090
2012	209.140
2013	227.770

a) Ermitteln Sie die jährlichen Kosten der Telefonanlage.

b) Um wie viel Prozent müssen die Gesamtkosten pro Jahr gesenkt werden, wenn das Hotel höchstens 90.000,00 € Jahreskosten akzeptiert.

c) Wie hoch sind die Kosten pro Telefoneinheit? Gehen Sie dabei von den in den Jahren 2011 bis 2013 durchschnittlich von den Gästen telefonierten Einheiten aus.

d) Ein auf VoIP spezialisiertes Unternehmen bietet eine vergleichbare VoIP-Telefonanlage zum Leasing an. Für eine jährliche Leasingrate in Höhe von 110.400,00 €/Jahr übernimmt der Anbieter die Bereitstellung, den Betrieb und die Wartung der Anlage.

   Das Hotel wird dem Gast pro Telefoneinheit 0,50 € netto in Rechnung stellen. Wie viele Telefoneinheiten müssen die Gäste pro Jahr telefonieren, damit die Anlage eine Rendite von 8 % erwirtschaftet?

23 Druckkosten pro Seite

Die MEDIA GmbH Aalen plant die Anschaffung eines neuen Drucksystems. Das günstigste Angebot liegt bei 5.000,00 € netto. Der betreffende Lieferant ist bereit, die alten Geräte für 600,00 € netto in Zahlung zu nehmen. Der benötigte Geldbetrag soll über einen Kredit mit einem Zinssatz von 5 % p. a. finanziert werden.
In der GmbH werden pro Tag durchschnittlich 900 Seiten gedruckt. Bei dem neuen Drucksystem wird mit Verbrauchskosten von 40,00 € pro 1.000 Seiten gerechnet.

a) Ermitteln Sie die jährlichen Finanzierungskosten.

b) Berechnen Sie die jährliche Abschreibung, wenn das Drucksystem 4 Jahre gleichmäßig genutzt wird.

c) Errechnen Sie für das Angebot die gesamten Druckkosten je Seite in Cent (inklusive der Finanzierungskosten). Gehen Sie dabei von 20 Werktagen pro Monat aus.

24 Kostenbegriffe

Die IT-Service GmbH richtet EDV-Arbeitsplätze nach Kundenwünschen ein. Die benötigte Hard- und Software wird fremdbezogen.

Definieren Sie die folgenden Begriffe und bringen Sie zu jedem Begriff ein Beispiel, passend zur oben beschriebenen Firma:

- Einzelkosten
- Gemeinkosten
- fixe Kosten
- variable Kosten

25 BAB und Zuschlagskalkulation

Sie sind in Ihrer Firma für die Auftragskalkulation und Kostenkontrolle zuständig. Nachdem der Auftrag A097 im abgelaufenen Monat März ausgeführt wurde, sollen Sie die Nachkalkulation durchführen.

a) Vervollständigen Sie hierzu zunächst den unten abgebildeten Betriebsabrechnungsbogen (BAB) für den abgelaufenen Monat.

Im Monat März sind angefallen:

Fertigungsmaterial 856.000,00 €
Fertigungslöhne 540.000,00 €

BAB März in EUR

Kostenstellen / Gemeinkosten	Betrag	Verteilungsgrundlagen			Material	Werkstatt	Verwaltung und Vertrieb
Personalkosten	800.000,00	Lohn- und Gehaltslisten			70.000,00	400.000,00	330.000,00
Raumkosten	200.000,00	10%	50%	40%	20.000,00	100.000,00	80.000,00
Fuhrpark	60.000,00	5%	10%	85%	3.000,00	6.000,00	51.000,00
Sonstige Kosten	140.000,00	10%	55%	35%	14.000	77.000	49.000
Summe					107.000	583.000	510.000
Zuschlagsgrundlagen					856.000	540.000	2086000
Zuschlagssätze (auf 2 Stellen nach dem Komma gerundet)					12,5 %	108 %	24 %

b) Für den Auftrag A097 sind folgende Einzelkosten angefallen:

Fertigungsmaterial 12.400,00 €
Fertigungslöhne 1.300,00 €

Errechnen Sie unter Verwendung der in Teilaufgabe a) ermittelten Gemeinkostenzuschlagssätze die Selbstkosten des Auftrages.

Wie hoch ist der erzielte Gewinn in Euro und in Prozent, wenn für den Auftrag ein Listenverkaufspreis in Höhe von 25.000,00 € netto vereinbart wurde?

26 Mehrstufiger BAB

Als Mitarbeiterin des Rechnungswesens sollen Sie den Betriebsabrechnungsbogen (BAB) für den Monat März erstellen.

a) Vervollständigen Sie den folgenden BAB. Alle zusätzlich benötigten Daten können Sie den darunter abgebildeten Tabellen entnehmen.

Betriebsabrechungsbogen März in EUR					
Kostenstellen / Gemeinkostenart	Beträge in Euro	Allgemeine Kostenstellen		Hauptkostenstellen	
		Fuhrpark	Verwaltung	Hardware	Software
Personalkosten					
Miete	6.000,00				
Zinsen	900,00				
Büromaterial	850,00				
Sonstige Kosten	6.430,00	390,00	3.075,00	1.390,00	1.575,00
Zwischensumme					
Umlage Fuhrpark					
Umlage Verwaltung					
Summe der Hauptkostenstellen					
Zuschlagsgrundlagen				56.300,00	84.900,00
Zuschlagssätze					

Kostenstellen	Gehälter laut Gehaltslisten in Euro	Anzahl der Mitarbeiter	Gebundenes Kapital in Euro	Raumfläche in m²
Fuhrpark	1.900,00	1	60.000,00	80
Verwaltung	15.000,00	5	15.000,00	100
Hardware	15.800,00	5	82.000,00	200
Software	18.600,00	6	23.000,00	120

Umlage Allgemeine Kostenstellen	Verteilungsschlüssel
Fuhrpark	5 : 4
Verwaltung	2 : 3

b) Die bisherige Verteilung der Kosten des Fuhrparkes im Verhältnis 5 : 4 auf die Hauptkostenstellen wird als nicht befriedigend angesehen. Überlegen Sie sich 2 Kriterien, mit deren Hilfe die Kosten des Fuhrparkes sachgerecht auf die Hauptkostenstellen verteilt werden könnten.

27 Zuschlagskalkulation: Belege zuordnen, Rechenwege aufzeigen

Die VKS AG stellt Videokonferenzsysteme her, installiert diese beim Kunden und übernimmt auch die Einweisung des Kundenpersonals. Für einen neuen Auftrag haben Sie die Daten in das Kalkulationsprogramm eingegeben und sehen nun folgendes Ergebnis:

Position		Kalkulationsschema	Zuschläge	Auftrag Beträge in €
1		Materialeinzelkosten		40.000,00
2	+	Materialgemeinkosten	15%	6.000,00
3	=	Materialkosten		46.000,00
4		Fertigungseinzelkosten		1.400,00
5	+	Fertigungsgemeinkosten	110%	1.540,00
6	+	Sondereinzelkosten der Fertigung		200,00
7	=	Fertigungskosten		3.140,00
8	=	Herstellkosten		49.140,00
9	+	Verwaltungsgemeinkosten	15%	7.371,00
10	+	Vertriebsgemeinkosten	18%	8.845,20
11	+	Sondereinzelkosten des Vertriebs		162,00
12	=	Selbstkosten		65.518,20
13	+	Gewinn	20%	Diese Positionen müssen Sie nicht berechnen.
14	=	Barverkaufspreis		
15	+	Kundenskonto	3%	
16	=	Zielverkaufspreis		
17	+	Kundenrabatt	10%	
18	=	Angebotspreis		

a) Geben Sie für die folgenden Belege an, zu welcher Position des Kalkulationsschemas diese gehören.
Tragen Sie hierzu vor jeden Beleg (also in die 1. Spalte) die dazugehörige Position (1 - 18) aus dem oben abgebildeten Kalkulationsschema in die folgende Tabelle ein:

Position	Beleg
	Gehalt für den Buchhalter
	Miete für das Eingangslager
	Speziell für den Auftrag anfallende Verpackungskosten
	Werkzeugkosten
	Rechnung für einen Messestand
	Arbeitszeit für die Installation vor Ort
	Kosten der für den Auftrag benötigten Bildschrime
	Rechnung für ein Werkzeug, das speziell für diesen Auftrag angeschafft wurde

b) Wie lauten die Formeln zur Ermittlung der im Kalkulationsschema noch fehlenden Größen

- Gewinn und
- Kundenrabatt?

Hinweis:
Sie sollen die allgemeinen Formeln aufschreiben und nicht den konkreten Rechenweg mit den gegebenen Zahlen.

28 Zuschlagskalkulation: Angebotspreis ermitteln

a) Ihre Firma richtet EDV-Arbeitsplätze nach Kundenwünschen ein. Ermitteln Sie den Angebotspreis für den Kundenauftrag KA107; vervollständigen Sie hierzu das folgende Kalkulationsschema:

4 Stück	Hardware	1.200,00 €/Stück	
4 Stück	Software	400,00 €/Stück	
1 Stück	Drucker	300,00 €/Stück	
	Materialeinzelkosten		
	Materialgemeinkosten	8%	
	Materialkosten		
8 Stunden	Installation	30,00 €/Stunde	
4 Stunden	Konfiguration	35,00 €/Stunde	
	Fertigungseinzelkosten		
	Fertigungsgemeinkosten	80%	
	Fertigungskosten		
	Herstellkosten		
	Verwaltungsgemeinkosten	30%	
	Selbstkosten		
	Gewinn	15%	
	Angebotspreis		

b) Nachdem der Kunde das Angebot erhalten hat, teilt er mit, dass er die Hard- und Software sowie den Drucker selber beschaffen wird. Ihre Firma soll lediglich die Installation und Konfiguration übernehmen. Hierfür bietet der Kunde einen Pauschalpreis von 1.000,00 € netto an.

Ermitteln Sie, ob der Auftrag sich lohnt. Berechnen Sie hierzu den möglichen Gewinn oder Verlust des Auftrages in Euro und in Prozent. Gehen Sie von denselben Zuschlagssätzen aus, wie in Teilaufgabe a).

29 BAB (inklusive Kostenüber-/-unterdeckung) und Zuschlagskalkulation

Ihre Firma richtet EDV-Arbeitsplätze nach Kundenwünschen ein. Sie sollen den Angebotspreis für den Kundenauftrag KA037 ermitteln.

a) Vervollständigen Sie zur Vorbereitung der Kalkulation den unten abgebildeten Betriebsabrechnungsbogen (BAB) für den letzten Monat. Für alle Werte, die nicht mit einem einzigen Rechenschritt ermittelt werden können, müssen Sie den Rechenweg angeben.

BAB für den abgelaufenen Monat			
Kostenstellen / Gemeinkosten	Material	Fertigung (PC-Montage)	Verwaltung und Vertrieb
: :	: :	: :	: :
Ist-Gemeinkosten (Summe)	64.000 €	74.000 €	107.520 €
Ist-Zuschlagsbasen	200.000 €	100.000 €	448.000 €
Ist-Zuschlagssätze	32%		
Normal-Zuschlagsbasen	200.000 €	100.000 €	
Normal-Zuschlagssätze	30%	80%	20%
Normal-Gemeinkosten	60.000 €		
Kostenstellendifferenz	-4.000 €		

Im Letzten Monat verringerte sich der Bestand an Fertigprodukten um 10.000 €.

b) Für den Kundenauftrag KA037 werden folgende Einzelkosten eingeplant:
- Materialeinzelkosten: 18.000,00 €
- Fertigungseinzelkosten: 1.500,00 €
- Sondereinzelkosten der Fertigung: 400,00 €
- Sondereinzelkosten des Vertriebs für Versand- und Verpackungskosten: 140,00 €

Alle anderen Kostenangaben können Sie dem BAB der Teilaufgabe a) entnehmen.

Das Unternehmen kalkuliert mit einem Gewinnzuschlag von 25 %.

Aufgrund des hohen Auftragswertes erhält der Kunde 10 % Rabatt.
Zahlungsbedingungen: Die Rechnung ist zahlbar innerhalb von 40 Tagen ohne Abzug oder innerhalb von 7 Tagen mit 2 % Skonto.

Errechnen Sie den Angebotspreis (netto) unter Verwendung des üblichen Kalkulationsschemas.

30 Handelskalkulation: Bezugspreis ermitteln

Als Sachbearbeiterin in der Einkaufsabteilung sollen Sie anhand des folgenden Kalkulationsschemas den preisgünstigsten Lieferanten ermitteln:

	Lieferant A		**Lieferant B**		**Lieferant C**	
Listeneinkaufspreis (netto)		3.000,00 €		2.500,00 €		2.700,00 €
Liefererrabatt	8%		-		6%	
Zieleinkaufspreis						
Liefererskonto	-		3%		2%	
Bareinkaufspreis						
Bezugskosten		30,00 €		60,00 €		0,00 €
Bezugs-/Einstandspreis						

31 Handelskalkulation: Listenverkaufspreis ermitteln

Ihre Firma ist ein Händler für Hard- und Software. Ermitteln Sie den Listenverkaufspreis für ein Notebook, dessen Bezugspreis 200,00 € (netto) beträgt. Kalkulieren Sie mit folgenden Zuschlagssätzen:

15 % Gewinn
30 % Handlungsgemeinkosten
5 % Kundenrabatt
3 % Kundenskonto

Verwenden Sie für Ihre Lösung die folgende Tabelle und vervollständigen Sie diese:

Bezugspreis (netto)	
Selbstkosten	
Barverkaufspreis	
Zielverkaufspreis	
Listenverkaufspreis (netto)	

32 Handelskalkulation: Roh- und Reingewinn ermitteln

Ein Handelsunternehmen möchte für seine drei wichtigsten Produkte die Gewinnsituation analysieren. Vervollständigen Sie hierzu die folgende Tabelle:

Artikel	**Nr. A15**	**Nr. A37**	**Nr. B12**
Absatzmenge in Stück	3.400	2.100	5.300
Verkaufspreis (netto) pro Stück in €	79,00 €	139,00 €	29,00 €
Bezugspreis (netto) pro Stück in €	42,00 €	68,00 €	16,50 €
Rohgewinn pro Stück in €		71,00 €	12,50 €
Handlungsgemeinkostenzuschlag in %	80 %	80 %	60 %
Selbstkosten pro Stück in €	75,60 €		
Reingewinn pro Stück in €		16,60 €	
Reingewinn pro Stück in %			9,85 %
Gesamtgewinn in €			

33 Handelskalkulation: Bezugspreis ermitteln

Ihre Firma möchte durch den Einsatz neuer Hard- und Software die Informationsversorgung der Vertriebsmitarbeiter verbessern. Zwei Angebote stehen zur Auswahl:

	Anbieter A	**Anbieter B**
Listenpreis (netto)	8.300,00 €	8.100,00 €
Rabatt	5 %	2 %
Skonto	3 %	3 %
Frachtkosten	18,00 €	24,00 €

Ermitteln Sie den preisgünstigsten Lieferanten, wenn Skonto ausgenutzt werden soll. Verwenden Sie für die Rechnung die folgende Tabelle:

	Anbieter A	**Anbieter B**
Listeneinkaufspreis (netto)		
Zieleinkaufspreis		
Bareinkaufspreis		
Bezugspreis		

34 Angebotsvergleich

In der Unternehmensberatung EXPERT GmbH soll die IT-Infrastruktur erneuert werden. Folgende Angebote stehen zur Auswahl (alle Preise sind ohne Umsatzsteuer angegeben):

<u>Anbieter A</u>

Server mit Betriebssystem:	3.600,00 €
6 PCs:	1.400,00 €/PC
Vernetzung:	inklusive
Software für die PC-Arbeitsplätze:	420,00 €/Arbeitsplatz
Rabatt:	3 % ab einem Bestellwert von 20.000,00 €
Skonto:	netto Kasse

<u>Anbieter B</u>

Server mit Betriebssystem:	3.900,00 €
6 PCs:	1.340,00 €/PC
Vernetzung:	8 Arbeitsstunden a 140 €/Std.
Software für die PC-Arbeitsplätze:	380,00 €/Arbeitsplatz
Rabatt:	4 % ab einem Bestellwert von 10.000,00 €
	6 % ab einem Bestellwert von 15.000,00 €
Skonto:	2 %

Vergleichen Sie die beiden Angebote mithilfe eines übersichtlichen Kalkulationsschemas.

35 Handelskalkulation: Gewinnzuschlag ermitteln

Die Schmidt & Partner KG ist ein Händler für Hard- und Software. Zielgruppe sind Firmenkunden. Im abgelaufenen Monat wurde der Kunde „EXPERT GmbH“ beliefert. Für den Auftrag liegen folgende Daten vor:

- Die gesamte Ware wurde bei einem Lieferanten zum Listeneinkaufspreis (netto) in Höhe von 20.000,00 € eingekauft. Aufgrund des hohen Bestellwertes erhielt die KG 10 % Rabatt. Für Transport und Verpackung berechnete der Lieferant 150,00 €. Bei Zahlung innerhalb von 10 Tagen gewährt der Lieferant 2 % Skonto.
- Die Schmidt & Partner KG kalkuliert mit einem Handlungsgemeinkostensatz von 70 %.
- Mit der EXPERT GmbH wurde ein Listenverkaufspreis (brutto) von 42.483,00 € vereinbart. Die KG gewährte ihrem Kunden 8 % Rabatt und 3 % Skonto bei einer Zahlung innerhalb von 14 Tagen.

Ermitteln Sie, welche Gewinnspanne in Euro und Prozent mit dem Auftrag erzielt wurde. Der Rechenweg muss nachvollziehbar sein. Gehen Sie bei Ihren Berechnungen davon aus, dass sowohl die KG als auch die GmbH Skonto ausnutzen.

36 Handelskalkulation: vom Einkaufs- bis zum Verkaufspreis kalkulieren

Die Elektronik GmbH Aachen, ein Händler für elektronische Produkte, bezieht den Drucker HQ-1023 direkt vom Hersteller zu einem Listenpreis (netto) von 40,00 €. Berechnen Sie den Bruttoverkaufspreis für den Drucker anhand der folgenden Daten:

Kundenskonto	2 %
Kundenrabatt	4 %
Liefererrabatt	5 %
Liefererskonto	3 %
Gewinnzuschlag	10 %
Handlungsgemeinkosten	25 %
Bezugskosten	3,14 €

37 Prozesskostenrechnung

Die IMS GmbH bietet Seminare zum Thema Internetmarketing an. Für eine genauere Kalkulation und Wirtschaftlichkeitskontrolle hat das Unternehmen eine Prozesskostenrechnung durchgeführt.

a) Tragen Sie in die folgende Tabelle die fünf fehlenden Werte ein:

Teilprozesse	Art	Messgröße	Plan-prozess-menge	Planprozess-kosten	Prozess-kostensatz (lmi)	Umlagesatz (lmn)	Gesamt-prozess-kostensatz
Kundengespräche durchführen	lmi	Anzahl der Kunden	1.600	32.000,00 €	20,00 €	5,00 €	25,00 €
Seminare vorbereiten	lmi	Anzahl der Seminare	400	20.000,00 €	50,00 €	12,50 €	
Seminare durchführen	lmi	Anzahl der Seminare	400	88.000,00 €	220,00 €		275,00 €
Seminare abrechnen	lmi	Anzahl der Rechnungen	1.600	24.000,00 €			
Geschäftsbereich leiten	lmn	-	-	41.000,00 €	-	-	-

b) Erläutern Sie die Vorgehensweise zur Ermittlung der Gesamtprozesskostensätze in mindestens 5 Schritten.

38 Schnittpunkt der Kostenkurven

Die Elektronik Handelsgesellschaft mbH benötigt für ihre neue Filiale eine Online-Anbindung der Kassen. Die folgenden Tarife sind in die engere Auswahl gekommen:

Tarif A: 63,00 € monatliche Grundgebühr; unbegrenztes Übertragungsvolumen
Tarif B: 24,00 € monatliche Grundgebühr; pro Gbyte Übertragungsvolumen 1,30 €

Errechnen Sie, bei welchem monatlichen Übertragungsvolumen die Kosten bei beiden Tarifen gleich hoch sind.

39 Deckungsbeitragsrechnung

Einzelunternehmer Schmidt e. K. betreibt einen Onlineshop für Hardwarekomponenten. Für die 3 Produktgruppen liegen folgende Daten vor:

Produktgruppen	A	B	C
Verkaufspreis netto pro Stück	90,00 €	50,00 €	60,00 €
Einstandspreis netto pro Stück	62,00 €	40,00 €	42,00 €
Absatzmenge pro Monat	500 Stück	300 Stück	700 Stück

Die variablen Handelswaren-Gemeinkosten werden mit 30 % kalkuliert.

Die monatlichen Fixkosten belaufen sich auf 2.700,00 €. In der Vollkostenrechnung werden sie nach Stückzahlen auf die 3 Produktgruppen aufgeteilt.

a) Errechnen Sie für jede Produktgruppe den Deckungsbeitrag pro Stück und geben Sie an, wie unter Kostengesichtspunkten das Sortiment optimiert werden könnte.

b) Der Absatz der Produktgruppe A soll durch eine Sonderaktion gefördert werden. Für die viermonatige Aktion sind zusätzliche Werbekosten von insgesamt 1.080,00 € und Sondereinzelkosten pro Stück in Höhe von durchschnittlich 4,00 € eingeplant. Wie viele Stück der Produktgruppe A müssen in den 4 Monaten zusätzlich verkauft werden, damit die Sonderaktion sich nicht negativ auf das Betriebsergebnis auswirkt?

40 Deckungsbeitrag: Gewinnschwelle und Jahreserfolg

Die IMS GmbH bietet Seminare zum Thema Internetmarketing an. Sie sollen die Wirtschaftlichkeit des Unternehmens beurteilen. Hierzu liegen Ihnen folgende Daten vor:

Monatliche Miete	3.000,00 €
Verwaltungskosten pro Jahr	26.000,00 €
Vertriebskosten pro Jahr	98.000,00 €
Kosten pro Seminar	200,00 €
Umsatzerlöse (netto) pro Seminar	700,00 €
Jahreskapazität	600 Seminare

a) Wie hoch ist der Deckungsbeitrag pro Seminar?

b) Ermitteln Sie den Jahreserfolg des Unternehmens bei Vollauslastung.

c) Ermitteln Sie den Break-even-Point (Gewinnschwelle).

d) Schildern Sie 3 geeignete Maßnahmen zur Senkung der Gewinnschwelle.

41 Deckungsbeitragsrechnung: Rechnung und Theorie

Die Geschäftsleitung Ihrer Firma ist mit dem Betriebsergebnis unzufrieden. Zu den eingeleiteten Gegenmaßnahmen gehört auch eine kritische Überprüfung des Sortiments.

Hierzu liegen folgende Daten vor:

Produkte	A	B	C
Absatzmenge in Stück	40.000	80.000	45.000
Verkaufserlöse (netto) in €	620.000,00	700.000,00	580.000,00
Variable Kosten in €	490.000,00	560.000,00	610.000,00
Fixkosten in €	60.000,00		

a) Ermitteln Sie die Deckungsbeiträge für die 3 Produkte und das Betriebsergebnis.

b) Welche Sortimentsveränderung ist aus Sicht der Deckungsbeitragsrechnung empfehlenswert und welches Betriebsergebnis würde sich daraus ergeben?

c) Die zunehmende Konkurrenz zwingt Ihre Firma zu einer Preisreduzierung bei Produkt B. Errechnen Sie die kurzfristige Preisuntergrenze für ein Stück des Produktes B und begründen Sie Ihre Lösung betriebswirtschaftlich.

d) Erklären Sie, ob Ihre Vorgehensweise in Teilaufgabe c) einer Vollkosten- oder einer Teilkostenrechnung entspricht.

e) Erklären Sie den Begriff „Deckungsbeitrag pro Stück“.

42 Break-even-Point

Die Software GmbH Aachen analysiert die Gewinnaussichten einer neu entwickelten Software für die Fertigungssteuerung. Folgende Daten liegen vor:

- Für die Entwicklung wurden 4.000 Arbeitsstunden benötigt. Die Entwicklungskosten sollen auf 2 Jahre verteilt werden.
- Pro verkaufter Lizenz sind zusätzlich 70 Arbeitsstunden für kundenspezifische Anpassungen notwendig.
- Die GmbH kalkuliert die Arbeitsstunde mit 100,00 €.
- Die sonstigen variablen Kosten pro Lizenz belaufen sich auf 1.400,00 €.
- Geplanter Nettoverkaufspreis pro Lizenz 13.400,00 €.

a) Ermitteln Sie die Gewinnschwelle (Break-even-Point) zuerst rechnerisch und stellen Sie anschließend Ihr Ergebnis grafisch dar. Ihre Grafik muss alle wesentlichen Daten beinhalten.

b) Aufgrund neuester Marktforschungsergebnisse muss davon ausgegangen werden, dass nicht mehr als 32 Lizenzen pro Jahr verkauft werden können. Wie hoch muss der Nettoverkaufspreis pro Lizenz mindestens sein, damit dennoch kein Verlust anfällt?

43 Mehrstufige Deckungsbeitragsrechnung

Die Software GmbH Aachen untergliedert sich in die 2 Geschäftsbereiche Software und EDV-Schulungen. Die Software wird zum Teil selbst entwickelt, zum Teil fremdbezogen.

Für das abgelaufene Jahr liegen folgende Daten vor:

Geschäftsbereich	Software			
Geschäftsfelder	Softwareentwicklung		Softwarehandel	
Umsatzerlöse		620.000 €		240.000 €
Variable Kosten	20%		20%	
Deckungsbeitrag 1				
Geschäftsfeldfixe Kosten		40.000 €		210.000 €
Deckungsbeitrag 2				
Geschäftsbereichsfixe Kosten	60.000 €			
Deckungsbeitrag 3				

a) Tragen Sie in der oben abgebildeten Tabelle die fehlenden Werte ein und ermitteln Sie den Erfolg des Geschäftsbereiches Software.

b) Der Controller schlägt vor, den Geschäftsbereich Softwarehandel aufzugeben. Wie würde sich dies auf das Betriebsergebnis auswirken?

c) Mit der Aufgabe des Geschäftsbereiches können auch Nachteile verbunden sein; schildern Sie einen möglichen Nachteil.

d) Die Aufgabe des Geschäftsbereiches Softwarehandel soll unbedingt verhindert werden. Wie hoch darf der Prozentsatz für die variablen Kosten höchstens sein, damit der Geschäftsbereich Softwarehandel keine Verluste mehr aufweist.

e) Zusätzlich zur Deckungsbeitragsrechnung soll auch eine Vollkostenrechnung durchgeführt werden. Überlegen Sie sich 2 Schlüssel, mit deren Hilfe die bereichsfixen Kosten auf die beiden Geschäftsfelder aufgeteilt werden könnten.

44 Gewinnvergleichsrechnung

Die Software GmbH Aachen prüft, ob sie eine neue ERP-Software entwickeln soll. Aufgrund von Engpässen im Verwaltungs- und Vertriebsbereich müsste dann jedoch der Verkauf einer anderen Software, die bisher als Handelsware fremdbezogen wurde, eingestellt werden.

Ermitteln Sie anhand der folgenden Daten, wie viele Lizenzen pro Jahr mindestens verkauft werden müssen, damit die selbstentwickelte Software einen höheren Gewinn einbringt, als die Handelsware.

Eigenentwicklung

Entwicklungskosten:	560.000,00 € (diese sind auf 4 Jahre zu verteilen)
Sonstige fixe Kosten/Monat:	5.000,00 €
Variable Kosten/Lizenz:	1.500,00 €
Nettoverkaufspreis/Lizenz:	17.500,00 €

Handelsware

Fixkosten/Monat:	500,00 €
Nettoeinkaufspreis/Lizenz:	8.000,00 €
Handlungsgemeinkostensatz (variabel):	30 %
Nettoverkaufspreis/Lizenz:	20.400,00 €

45 Kostenvergleich Reisender und Vertreter

Die SMI GmbH Osnabrück möchte einen neuen Absatzmarkt erschließen. Zunächst soll geprüft werden, ob dies durch Reisende oder durch Vertreter erfolgen soll.

a) Ermitteln Sie anhand der folgenden Daten, ab welchem monatlichen Umsatz der Einsatz von Reisenden weniger Kosten verursacht als der Einsatz von Vertretern:
   - Den Reisenden wird zusammen pro Monat 8.000,00 € Gehalt plus 1.000,00 € Spesen gezahlt. Als zusätzlichen Leistungsanreiz erhalten sie eine Umsatzprovision von 2 %.
   - Die Vertreter erhalten zusammen ein monatliches Fixum von 700,00 € plus 10 % Provision vom Umsatz.

b) Welche der in Teilaufgabe a) aufgeführten Kosten gehören zu den fixen und welche zu den variablen Kosten?

46 Vergleich zwischen Kreditkauf und Leasing

Die Gesellschaft für Schulung und Personaltraining AG benötigt neue Kopierer. Der Kaufpreis des ausgewählten Anbieters liegt bei 30.000,00 € netto. Die Nutzungsdauer wird auf 6 Jahre geschätzt. Der Verkäufer bietet die Geräte auch zum Leasing an. Werden die Geräte gekauft, soll die Finanzierung über einen Bankkredit erfolgen. Als Mitarbeiter der AG sollen Sie prüfen, ob der Kauf auf Kredit oder Leasing günstiger ist. Berechnen Sie hierzu die Gesamtkosten für beide Alternativen anhand folgender Daten:

Kreditkauf

Laufzeit:	6 Jahre
Zinssatz:	5,4 % p. a. (Zinseszinseffekte sind nicht zu berücksichtigen)
Tilgung:	am Ende der Laufzeit mit einer einmaligen Zahlung

Leasing

Laufzeit:	6 Jahre
Leasingrate:	714,00 € brutto/Monat

E Lösungen

0 Hinweise

Der *kursiv* geschriebene Text (*Anmerkungen, Hinweise, Rechenwege*) soll Ihnen helfen, die Lösung besser zu verstehen; er muss nicht in Ihrer Lösung enthalten sein.

Häufig sind verschiedene Lösungswege oder Antworten denkbar. Die von mir bevorzugte Lösung (z. B. weil sie dem typischen Lösungsweg der IHK entspricht) steht immer als Erstes da. Bei einigen Aufgaben habe ich danach alternative Lösungswege bzw. Alternativantworten grau hinterlegt aufgeführt. Natürlich reicht eine richtige Lösung in der IHK-Prüfung aus.

Die Angabe „Theorie: siehe Kapitel…“ zeigt Ihnen, welches Kapitel im Buch Sie nochmals durcharbeiten sollten, wenn Sie Schwierigkeiten mit dieser Aufgabe haben.
Bei reinen Mathematikaufgaben, die keine besonderen Kenntnisse aus der Buchhaltung oder Kosten- und Leistungsrechnung voraussetzen, fehlt dieser Verweis.

1

Verfügbarer Budgetanteil für die Mitarbeiter der AG = 28.000 € - 7.600 € = 20.400 €

In der folgenden Gleichung sind x die gesuchten Arbeitsstunden für die Vertriebsmitarbeiter:

$$65 \cdot x \cdot 1 + 70 \cdot x \cdot 1{,}5 = 20.400$$

$$\rightarrow \quad 65\,x + 105\,x = 20.400$$

$$\rightarrow \quad 170\,x = 20.400$$

$$\rightarrow \quad x = 20.400 : 170 = 120$$

Arbeitsstunden für die Vertriebsmitarbeiter = 120
Arbeitsstunden für die EDV-Mitarbeiter = 120 • 1,5 = 180

Hinweise:
Die Arbeitsstunden sollen im Verhältnis 40 % zu 60 % auf die Mitarbeiter des Vertriebs und der EDV-Abteilung verteilt werden. Kürzt man das Verhältnis mit 40 % ergibt sich ein Verhältnis von 1 zu 1,5. Deshalb müssen die Stundensätze der Vertriebsmitarbeiter mit 1 und die Stundensätze der EDV-Mitarbeiter mit 1,5 multipliziert werden.
Um das Ergebnis für die EDV-Mitarbeiter zu erhalten, müssen die 120 Stunden mit 1,5 multipliziert werden, da für die EDV-Mitarbeiter ja die 1,5-fache Arbeitszeit vorgesehen ist.

Alternativlösung:

$$65 \cdot x \cdot 40\,\% + 70 \cdot x \cdot 60\,\% = 20.400$$

$$\rightarrow \quad 26\,x + 42\,x = 20.400$$

$$\rightarrow \quad 68\,x = 20.400$$

$$\rightarrow \quad x = 20.400 : 68 = 300$$

Verfügbare Arbeitsstunden insgesamt = 300
Arbeitsstunden für die Vertriebsmitarbeiter = 300 • 40 % = 120
Arbeitsstunden für die EDV-Mitarbeiter = 300 • 60 % = 180

2 Theorie: siehe Kapitel B 1.2

Fehlende Angaben:

- Rechnungsdatum
- Rechnungsnummer
- USt.-ID oder Steuernummer

Hinweis:

Da der Rechnungsbetrag über 150,00 € brutto liegt, kommen die erleichterten Vorschriften für Kleinbetragsrechnungen (weniger Pflichtangaben) hier nicht zum Tragen.

3 Theorie: siehe Kapitel B 2.1

Bei der zeitnahen Stichtagsinventur erfolgt die körperliche Bestandsaufnahme in einem Zeitraum von 10 Tagen vor oder 10 Tagen nach dem (Bilanz)Stichtag.

Bei der permanenten Inventur wird jeder Lagerartikel zur Überprüfung der Buchbestände mindestens einmal im Geschäftsjahr (der Zeitpunkt ist beliebig) körperlich erfasst. Sofern die Lagerbuchhaltung alle Zu- und Abgänge zuverlässig erfasst, können dann die Vorratsbestände zum Bilanzstichtag einfach der Lagerdatei entnommen werden.

4 Theorie: siehe Kapitel B 2.2

Das Zahlungsziel ist der Zeitpunkt, an dem eine Geldschuld fällig wird und spätestens bezahlt werden muss.

Offene Posten sind noch nicht oder noch nicht vollständig bezahlte Rechnungen.

5

a) Theorie: siehe Kapitel B 2.1

Bei der körperlichen Inventur werden körperliche Vermögensgegenstände (z. B. Fuhrpark, Warenbestand) durch Zählen, Messen und Wiegen erfasst.

Bei der Buchinventur wird das nichtkörperliche Vermögen (z. B. Forderungen, Bankguthaben) und die Schulden (z. B. Verbindlichkeiten aus LL) anhand der Buchhaltungsunterlagen ermittelt.

b) Theorie: siehe Kapitel B 2.1

Zulässige Inventurvereinfachungsverfahren sind z. B. die „permanente Inventur" und die „verlegte Inventur".
Durch beide Verfahren verteilt sich der Arbeitsaufwand für die Inventur auf einen längeren Zeitraum. Die Inventurarbeiten können in Zeiten mit geringerer Arbeitsbelastung durchgeführt werden.

c) Theorie: siehe Kapitel B 12.1

Die Notebooks stellen für die KG Handelswaren dar und gehören damit zum Umlaufvermögen. Hier erfolgt die Bewertung nach dem strengen Niederstwertprinzip: Von den möglichen und zulässigen Wertansätzen (bei den Notebooks sind dies entweder die Anschaffungskosten oder der Wert am Bilanzstichtag) muss der jeweils niedrigste Wert gewählt werden. Entsprechend muss das Notebook N41 mit dem Einstandspreis und das Auslaufmodell N13 mit dem niedrigeren Verkaufspreis bewertet werden.

d) Theorie: siehe Kapitel B 2.2

Betriebs- und Geschäftsausstattung

e) Theorie: siehe Kapitel B 12.2

Rückstellungen dürfen z. B. gebildet werden für

- Prozesskosten
- Pensionsverpflichtungen

6 Theorie: siehe Kapitel B 3.1

Auf der Aktivseite nimmt z. B. das Konto „Bank" und auf der Passivseite das Konto „Verbindlichkeiten aus LL" ab. Sowohl auf der Aktivseite als auch auf der Passivseite der Bilanz verringern sich also die Werte; dies bezeichnet man als Aktiv-Passiv-Minderung.

7 Theorie: siehe Kapitel B 3.6.3

a)

Erfolg = *860.000,00 € + 2.400,00 € - 620.000,00 € - 84.000,00 € - 7.300,00 € - 14.000,00 €*
= 137.100,00 € (Gewinn)

b)

GuV 137.100,00 € an Eigenkapital 137.100,00 €

Hinweis:

Bei einfachen Buchungssätzen mit nur 2 Konten reicht es an sich aus, wenn der Buchungsbetrag nur einmal am Ende aufgeführt wird. Ich habe dennoch hier neben jedes Konto den Betrag geschrieben, da dies bei den Lösungen der IHK in den letzten Jahren so üblich war.

Würde die IHK ein Schema mit 4 Spalten (z. B. einen Kontierungsstempel) vorgeben, dann müssten Sie auch neben jedes Konto den Betrag eintragen.

8 Theorie: siehe Kapitel B 4

Unternehmen buchen die von ihnen selbst bezahlte Mehrwertsteuer (Umsatzsteuer) als Vorsteuer und bekommen diese vom Finanzamt erstattet. Die Mehrwertsteuer belastet folglich nur den privaten Endverbraucher; für Unternehmen stellt sie hingegen einen durchlaufenden Posten und damit keine Kosten dar.

9 Theorie: siehe Kapitel B 4.2

a)

Umsatzsteuer 5.700,00 € an Vorsteuer 5.700,00 €

b)

Umsatzsteuer 9.200,00 € an Bank 9.200,00 €

10 Theorie: siehe Kapitel B 7

Bestandsorientierte Buchung:

Waren 12.400,00 €
Vorsteuer 2.356,00 € an Verbindlichkeiten aus LL 14.756,00 €

Verbrauchsorientierte Buchung:

Aufwendungen für Waren 12.400,00 €
Vorsteuer 2.356,00 € an Verbindlichkeiten a. LL 14.756,00 €

Hinweis:

„Aufwendungen für Waren" und „Wareneingang" sind alternative Kontenbezeichnungen.

11 Theorie: siehe Kapitel B 3.3 und B 3.4

Verbindlichkeiten aus LL 4.300,00 € an Bank 4.300,00 €

Hinweise:

- *Der Kunde schuldet dem Lieferanten nicht nur den Nettobetrag, sondern auch die ausgewiesene Umsatzsteuer. Er muss folglich den Gesamtbetrag (= Bruttobetrag) überweisen.*
- *Die auf der Rechnung ausgewiesene Umsatzsteuer wurde bereits beim Rechnungszugang auf dem Konto Vorsteuer gebucht und bleibt entsprechend bei der Bezahlung der Rechnung unberücksichtigt.*

12

a) Theorie: siehe Kapitel B 9.1

Wareneingang	4.160,00 €			
Bezugskosten	120,00 €			
Vorsteuer	813,20 €	an	Verbindlichkeiten aus LL	5.093,20 €

Hinweis:

Durch die Vorgabe der Konten „Wareneingang" und „Warenausgang" wird deutlich, dass Sie hier nicht bestandsorientiert, sondern aufwandsorientiert buchen sollen.

b) Theorie: siehe Kapitel B 9.2.2

Verbindlichkeiten aus LL	464,10 €	an	Wareneingang	390,00 €
			Vorsteuer	74,10 €

13

a) Theorie: siehe Kapitel B 4.2

Hilfsstoffe	200,00 €			
Vorsteuer	38,00 €	an	Verbindlichkeiten aus LL	238,00 €

b) Theorie: siehe Kapitel B 9.2.4

Verbindlichkeiten a. LL	238,00 €	an	Nachlässe (für Hilfsstoffe)	6,00 €
			Vorsteuer	1,14 €
			Bank	230,86 €

c)

Durch die separate Buchung ist auf einen Blick erkennbar, in welchem Umfang durch die Aushandlung günstiger Zahlungsbedingungen und rechtzeitiger Zahlungen Geld eingespart wurde. So lässt sich die Effizienz der Abteilungen Einkauf und Buchhaltung beurteilen.

14

a) Theorie: siehe Kapitel B 4.2

Forderungen aus LL (Aktivkonto)	7.882,56 €	an	Umsatzerlöse (Ertragskonto)	6.624,00 €
			Umsatzsteuer (Passivkonto)	1.258,56 €

Hinweis:

In der Rechnung bereits berücksichtigte Preisnachlässe wie Rabatte erfordern kein gesondertes Konto. Es reicht aus, die sich nach Abzug der Preisnachlässe ergebenden Rechnungsbeträge sowie die Umsatzsteuer zu buchen.

b) Theorie: siehe Kapitel B 3.3 und B 3.4

Bank 7.882,56 € an Forderungen aus LL 7.882,56 €

c)

Bereits mit der Buchung der Ausgangsrechnung wird auf dem Ertragskonto „Umsatzerlöse" im Haben gebucht (siehe Teilaufgabe a)). Folglich erhöht sich schon zu diesem Zeitpunkt der Erfolg des Unternehmens, unabhängig vom Zeitpunkt der Zahlung.

15

a) Theorie: siehe Kapitel B 4.2

Forderungen aus LL 5.355,00 €	an	Umsatzerlöse	4.500,00 €
		Umsatzsteuer	855,00 €

b) Theorie: siehe Kapitel B 3.6.2

Forderungen aus LL 20,00 € an Zinserträge 20,00 €

Hinweis:

Die Verzugszinsen sind nicht umsatzsteuerpflichtig.

c) Theorie: siehe Kapitel B 3.3 und B 3.4

Bank 5.375,00 € an Forderungen aus LL 5.375,00 €

16 Theorie: siehe Kapitel B 10.2.2

Bank (Aktivkonto)	18.754,40 €			
Erlösberichtigungen (Ertragskonto)	40,00 €			
Umsatzsteuer (Passivkonto)	7,60 €	an	Ford. a. LL (Aktivkonto)	18.802,00 €

(Ford. a. LL = Forderungen aus LL)

Berechnung der neuen Beträge:

	Rechnung alt	*5 % Nachlass*	*Rechnung neu*
Nettobetrag	*15.800,00 €*	*40,00 € (5 % von 800,00 €)*	*15.760,00 €*
+ *19 % USt*	*3.002,00 €*	*7,60 € (19 % von 40,00 €)*	*2.994,40 €*
Bruttobetrag	*18.802,00 €*	*47,60 € (40,00 € + 7,60 €)*	*18.754,40 €*

Hinweis:

Als Unterkonto des Kontos „Umsatzerlöse" wird das Konto „Erlösberichtigungen" im Kontenplan bei den Ertragskonten aufgeführt. Das Konto „Erlösberichtigungen" gehört damit formal zu den Ertragskonten, obwohl durch die Einräumung von Skonto die Umsatzerlöse sinken.

17 Theorie: siehe Kapitel B 10.2.3

Bank	10.262,56 €			
Erlösberichtigungen	176,00 €			
Umsatzsteuer	33,44 €	an	Forderungen aus LL	10.472,00 €

Berechnung der neuen Beträge:

	Rechnungsbeträge	*2 % Nachlass*	*zu zahlen*
Nettobetrag	*8.800,00 €*	*176,00 €*	
+ *19 % USt*	*1.672,00 €*	*33,44 €*	
Bruttobetrag	*10.472,00 €*	*209,44 €*	*10.262,56 €*

18 Theorie: siehe Kapitel B 10.2.2 und B 11

Erlösberichtigungen (bzw. Kundenboni)	480,00 €			
Umsatzsteuer	91,20 €	an	Debitor 10172	571,20 €

Hinweise und Rechenwege:

- *Erreicht der Kunde die Bonusgrenze, erhält er den Bonus auf den Gesamtbetrag und nicht nur auf den Betrag, der über der Grenze liegt → Bonus = 14.280,00 € • 4 % = 571,20 €.*
- *Erlösberichtigungen (100 %) = Bonus (119 %) : 1,19 = 571,20 € : 1,19 = 480,00 €*
- *Kundenboni, Kundenskonti und Preisnachlässe wegen Mängelrügen sind verschiedene Varianten nachträglich gewährter Preisnachlässe. Deshalb entsprechen sich auch die Buchungssätze in den Aufgaben 16, 17 und 18.*
- *In den meisten Prüfungsaufgaben wird die Debitoren-Kontonummer des Kunden nicht angegeben. In diesem Fall steht statt „Debitor 10172" einfach „Forderungen aus LL".*

19

a) Theorie: siehe Kapitel B 6.2

	Abschreibungsbetrag	Rechenweg
1. Jahr	1.650,00 €	2.200,00 € • 9 : 12
2. Jahr	2.200,00 €	7.854,00 € : 1,19 = 6.600,00 €
3. Jahr	2.200,00 €	6.600,00 € : 3 = 2.200,00 €
4. Jahr	550,00 €	2.200,00 € • 3 : 12

Hinweise:

- *Für Unternehmen stellt die Vorsteuer keinen Aufwand dar, da sie diese vom Finanzamt erstattet bekommen. Basis für die Berechnung des Abschreibungsaufwandes sind deshalb die Anschaffungskosten netto. Entsprechend muss hier zuerst der Bruttobetrag (= 119 %) in den Nettobetrag (= 100 %) umgerechnet werden → Nettobetrag = 7.854,00 € : 1,19 = 6.600,00 €*
- *Bei der linearen Abschreibung werden die Anschaffungskosten gleichmäßig auf die Nutzungsdauer verteilt → Abschreibung pro Jahr = Anschaffungskosten netto : Nutzungsdauer = 6.600,00 € : 3 Jahre = 2.200,00 €*

- *Während des Geschäftsjahres angeschaffte Anlagegüter müssen auf den Monat genau abgeschrieben werden. Der Monat der Anschaffung wird bei der Berechnung mit berücksichtigt, egal an welchem Tag im Monat die Anschaffung erfolgte. Im 1. Jahr beginnt die Abschreibung mit dem Monat April, die Abschreibungsdauer beträgt also 9 Monate. In den nächsten 2 Jahren wird für das volle Jahr abgeschrieben. Damit verbleiben von den 3 Jahren Gesamtabschreibungsdauer noch 3 Monate für das letzte Jahr.*

b) Theorie: siehe Kapitel B 6.1

Da Abschreibungen zu den Aufwendungen gehören, schmälern sie den Gewinn.

20

a) Theorie: siehe Kapitel B 6.2

Bilanzielle Abschreibung = 30.000,00 € : 6 Jahre = 5.000,00 € pro Jahr

Hinweise:

- *In der Finanzbuchhaltung werden immer die Anschaffungs- oder Herstellungskosten abgeschrieben (Erklärung s. u.).*
- *Der Restbuchwert spielt für die Berechnung der linearen Abschreibung keine Rolle.*

b) Theorie: siehe Kapitel B 6.1

Abschreibung Fuhrpark 5.000,00 € an Fuhrpark 5.000,00 €

c) Theorie: siehe Kapitel C 2.3.1

Kalkulatorische Abschreibung = 32.000,00 € : 5 Jahre = 6.400,00 € pro Jahr

Hinweise:

- *In der Kosten- und Leistungsrechnung werden immer die Wiederbeschaffungswerte abgeschrieben (Erklärung s. u.).*
- *Die KLR ist freiwillig und soll die Wertminderung des Pkws so realistisch wie möglich erfassen. Die amtliche AfA-Tabelle ist deshalb nicht entscheidend, sondern die intern als realistisch angesehene Nutzungsdauer*

d) Theorie: siehe Kapitel C 2.3.1

Der Gesetzgeber akzeptiert es nicht, dass insgesamt mehr abgeschrieben und damit als Aufwand steuermindernd geltend gemacht wird, als für die Anschaffung des Anlagegutes ausgegeben wurde. Die gesetzlich geregelte Finanzbuchhaltung berechnet die Abschreibungen deshalb vom Anschaffungswert.
Preise sollten mindestens kostendeckend sein. Die Kosten müssen dabei so kalkuliert werden, dass die Substanz des Unternehmens trotz Inflation erhalten bleibt. Deshalb werden in der KLR, die keiner gesetzlichen Vorgabe unterliegt, die (aktuellen) Wiederbeschaffungswerte abgeschrieben.

21

Zahlungsbetrag bei Abzug von Skonto *(genau in dieser Höhe benötigt die GmbH auch einen Kredit)* = 2.856,00 € - 2 % • 2.856,00 € = 2.856,00 € - 57,12 € = 2.798,88 €

$$\text{Zinsen} = \frac{2.798{,}88\ € \cdot 9\ \% \cdot 20\ \text{Tage}}{360\ \text{Tage}} = 13{,}99\ € \quad \text{oder} \quad \frac{2.798{,}88\ € \cdot 9 \cdot 20\ \text{Tage}}{100 \cdot 360\ \text{Tage}} = 13{,}99\ €$$

Benötigter Gesamtbetrag = 2.798,88 € + 13,99 € = 2.812,87 €

Finanzierungsgewinn = 2.856,00 € - 2.812,87 € = 43,13 € oder 57,12 € - 13,99 € = 43,13 €

Hinweis:

Um Skonto ausnutzen zu können, reicht es aus, wenn die GmbH die Rechnung am 8. Tag bezahlt. Bei diesen Aufgaben wird grundsätzlich davon ausgegangen, dass das Unternehmen zum Zahlungsziel wieder ein ausreichendes Guthaben auf dem Konto zur Verfügung hat. Die GmbH benötigt damit für 28 Tage - 8 Tage = 20 Tage einen Kredit.

22

a) Theorie: siehe Kapitel B 6.2 und C 2.3.1)

Abschreibung pro Jahr	= 180.000,00 € : 5 =	36.000,00 €
Betriebskosten pro Jahr	=	26.400,00 €
Wartungskosten pro Jahr	= 2.500,00 € • 12 =	30.000,00 €
Gesamtkosten pro Jahr		92.400,00 €

Hinweise:

- *Soll ein Anlagegut erst noch angeschafft werden, entspricht der (aktuelle) Wiederbeschaffungswert den Anschaffungskosten.*
- *Sofern sich aus der Aufgabenstellung nicht eindeutig etwas anderes ergibt, wählen Sie als Abschreibungsmethode immer die lineare Abschreibung.*

b)

Die Gesamtkosten pro Jahr müssen um 92.400,00 € - 90.000,00 € = 2.400,00 € gesenkt werden.

92.400 € ~ 100 %
2.400 € ~ x %

$$x = \frac{2.400\ € \cdot 100\ \%}{92.400\ €} = 2{,}60\ \%$$

Die Gesamtkosten müssen um 2,60 % pro Jahr gesenkt werden.

c)

Durchschnittliche Telefoneinheiten pro Jahr =
(223.090 + 209.140 + 227.770) : 3 = 660.000 : 3 = 220.000

Kosten pro Telefoneinheit = 92.400,00 € : 220.000 = 0,42 €

d)

Die Formel für die Rendite (Umsatzrentabilität) lautet:

$$\text{Rendite} = \frac{\text{Gewinn} \cdot 100}{\text{Umsatz}}$$

Die Erlöse ergeben sich aus der Gebühr pro Telefoneinheit mal der unbekannten bzw. gesuchten Anzahl der Telefoneinheiten pro Jahr x →
Erlöse (Umsatz) = 0,50 € • x oder abgekürzt 0,50 x

Gewinn = Erlöse - Kosten = 0,50 x - 110.400

Da die Rendite 8 % betragen soll, ergibt sich folgende Bedingung:

$$\frac{0{,}50\,x - 110.400}{0{,}50\,x} \cdot 100 = 8 \qquad | : 100$$

$$\rightarrow \quad \frac{0{,}50\,x - 110.400}{0{,}50\,x} = 0{,}08 \qquad | \cdot 0{,}50\,x$$

$$\rightarrow \quad 0{,}50\,x - 110.400 = 0{,}04\,x \qquad | - 0{,}04\,x$$

$$\rightarrow \quad 0{,}46\,x - 110.400 = 0 \qquad | + 110.400$$

$$\rightarrow \quad 0{,}46\,x = 110.400 \qquad | : 0{,}46$$

$$\rightarrow \quad x = 110.400 : 0{,}46 = 240.000$$

Damit die Telefonanlage eine Rendite von 8 % erwirtschaftet, müssen die Gäste mindestens 240.000 Einheiten pro Jahr telefonieren.

23

a)

(5.000,00 € - 600,00 €) • 5 % = 220,00 €

Alternativrechnung:

Als Basis der Zinsberechnung kann auch vom halben Kapitalbedarf ausgegangen werden. Dies entspricht der durchschnittlichen Kapitalbindung bei laufender, gleichmäßiger Tilgung des Kredites →

$$\frac{5.000{,}00\,€ - 600{,}00\,€}{2} \cdot 5\,\% = 110{,}00\,€$$

b) Theorie: siehe Kapitel B 6.2 und C 2.3.1

5.000,00 € : 4 = 1.250,00 €

Hinweis:
Die 600,00 € für das alte Drucksystem stellen keinen Preisnachlass dar. Deshalb müssen auch die vollen 5.000,00 € abgeschrieben werden.

c)

Verbrauchsmenge pro Jahr = 900 • 20 • 12 = 216.000 Seiten
Verbrauchskosten pro Jahr = 216.000 Seiten • 40,00 € : 1.000 Seiten = 8.640,00 €

Gesamtkosten pro Jahr = 220,00 € + 1.250,00 € + 8.640,00 € = 10.110,00 €

Kosten pro Seite = 10.110,00 € : 216.000 Seiten • 100 = 4,68 Cent pro Seite

Hinweis:
Sie müssen mit 100 multiplizieren, da Sie sonst die Kosten pro Seite in Euro errechnen und nicht in Cent, wie es die Aufgabenstellung verlangt.

24 Theorie: siehe Kapitel C 2.5.2 und C 2.5.3

Einzelkosten lassen sich einem Kostenträger (z. B. Auftrag) direkt zurechnen. Beispiele:
- speziell für die Kundenaufträge eingekaufte Hard- und Software,
- Fertigungslöhne.

Gemeinkosten lassen sich einem Kostenträger nicht direkt zurechnen. Beispiele:
- Gehälter für die Mitarbeiter der Verwaltung,
- Stromkosten.

Hinweis:
Die Fertigungslöhne stellen Einzelkosten dar, da sie im Gegensatz zu den Gehältern auftragsweise erfasst werden.

Alternativantworten:
Einzelkosten lassen sich einer Kostenstelle direkt zurechnen und Gemeinkosten nicht.

Fixe Kosten fallen unabhängig von der Beschäftigung stets in gleicher Höhe an. Beispiele:
- Miete,
- Gehälter (Ausnahme: die Überstundenzuschläge).

Variable Kosten ändern sich mit der Beschäftigung. Beispiele:
- die für die Kundenaufträge verbrauchten Kabel sowie die hierfür eingekaufte Hard- und Software,
- Fertigungslöhne.

Hinweis:
Entsprechend der Aufgabenstellung reicht jeweils 1 Beispiel aus.

25

a) Theorie: siehe Kapitel C 3.3.1 und C 3.3.2

BAB März in EUR							
Kostenstellen / Gemeinkosten	Betrag	Verteilungsgrundlagen			Material	Werkstatt	Verwaltung und Vertrieb
Personalkosten	800.000,00	Lohn- und Gehaltslisten			70.000,00	400.000,00	330.000,00
Raumkosten	200.000,00	10%	50%	40%	20.000,00	100.000,00	80.000,00
Fuhrpark	60.000,00	5%	10%	85%	3.000,00	6.000,00	51.000,00
Sonstige Kosten	140.000,00	10%	55%	35%	14.000,00	77.000,00	49.000,00
Summe					107.000,00	583.000,00	510.000,00
Zuschlagsgrundlagen					856.000,00	540.000,00	2.086.000,00
Zuschlagssätze (auf 2 Stellen nach dem Komma gerundet)					12,50%	107,96%	24,45%

Nebenrechnung:

Zuschlagsgrundlage für die Verwaltungs- und Vertriebsgemeinkosten sind die Herstellkosten des Umsatzes =
Materialeinzelkosten 856.000,00 € + Materialgemeinkosten 107.000,00 € + Fertigungseinzelkosten 540.000,00 € + Fertigungsgemeinkosten 583.000,00 € = 2.086.000,00 €

b) Theorie: siehe Kapitel C 4.1.3

Kalkulationsschema	Auftrag A097	Zuschläge	*Rechenweg*
Materialeinzelkosten	12.400,00 €		
+ Materialgemeinkosten	1.550,00 €	12,50%	*12,50 % • 12.400,00 €*
= Materialkosten	13.950,00 €		
Fertigungseinzelkosten	1.300,00 €		
+ Fertigungsgemeinkosten	1.403,48 €	107,96%	*107,96 % • 1.300,00 €*
= Fertigungskosten	2.703,48 €		
= Herstellkosten	16.653,48 €		*13.950,00 € + 2.703,48 €*
+ Verwaltungs- und Vertriebsgemeinkosten	4.071,78 €	24,45%	*24,45 % • 16.653,48 €*
= Selbstkosten	20.725,26 €		

Da weder Rabatt noch Skonto in der Aufgabe erwähnt werden, sind Listenverkaufspreis, Zielverkaufspreis und Barverkaufspreis identisch.

Gewinn in Euro = *Barverkaufspreis - Selbstkosten* = 25.000,00 € - 20,725,26 € = 4.274,74 €

Basis für den Gewinnzuschlag sind immer die Selbstkosten.

Gewinn in Prozent = 4.274,74 € • 100 : 20.725,26 € = 20,63 %

26 Theorie: siehe Kapitel C 3.4

a)

Betriebsabrechungsbogen März in EUR						
Kostenstellen / Gemeinkostenart	Beträge in Euro	Allgemeine Kostenstellen		Hauptkostenstellen		
		Fuhrpark	Verwaltung	Hardware	Software	
Personalkosten	51.300,00	1.900,00	15.000,00	15.800,00	18.600,00	①
Miete	6.000,00	960,00	1.200,00	2.400,00	1.440,00	②
Zinsen	900,00	300,00	75,00	410,00	115,00	③
Büromaterial	850,00	50,00	250,00	250,00	300,00	④
Sonstige Kosten	6.430,00	390,00	3.075,00	1.390,00	1.575,00	
Zwischensumme	65.480,00	3.600,00	19.600,00	20.250,00	22.030,00	
Umlage Fuhrpark				2.000,00	1.600,00	⑤
Umlage Verwaltung				7.840,00	11.760,00	⑥
Summe der Hauptkostenstellen				30.090,00	35.390,00	
Zuschlagsgrundlagen				56.300,00	84.900,00	
Zuschlagssätze				53,45%	41,68%	

Hinweise und Rechenwege:

① *Die Personalkosten, das sind die Gehälter, können einfach aus der Tabelle übernommen werden.*

② *Geeigneter Verteilungsschlüssel für die Miete ist die Raumfläche.*
Die Verteilung der Gemeinkosten auf die einzelnen Kostenstellen geschieht immer nach demselben Schema →
Kostenbetrag : Summe des Verteilungsschlüssels • Verteilungsschlüssel der betreffenden Kostenstelle →
6.000,00 € : 500 m² • 80 m² = 960,00 €; 6.000,00 € : 500 m² • 100 m² = 1.200,00 € etc.

③ *Zinsen sind die Finanzierungskosten für das gebundene Kapital. Das gebundene Kapital ist damit der geeignete Verteilungsschlüssel für die Zinskosten.*

④ *Je mehr Mitarbeiter eine Kostenstelle hat, desto mehr Büromaterial wird auch verbraucht. Die Anzahl der Mitarbeiter ist deshalb der geeignete Verteilungsschlüssel für das Büromaterial.*

⑤ *Umgelegt werden die Kosten des Fuhrparkes in Höhe von 3.600,00 € →*
Kosten des Fuhrparkes : Summe des Umlageschlüssels • Umlageschlüssel der betreffenden Hauptkostenstelle →
3.600,00 € : 9 • 5 = 2.000,00 €; 3.600,00 € : 9 • 4 = 1.600,00 €
Dass die Kosten des Fuhrparkes nicht auf die Verwaltung umgelegt werden sollen, ist daran erkennbar, dass in der betreffenden Zeile nur bei Hardware und Software die Felder frei sind und beim Umlageschlüssel auch nur 2 Zahlen angegeben werden.

⑥ *Umgelegt werden die Kosten der Verwaltung in Höhe von 19.600,00 € →*
19.600,00 € : 5 • 2 = 7.840,00 €; 19.600,00 € : 5 • 3 = 11.760,00 €

b)

Geeignete Verteilungs- bzw. Umlageschlüssel könnten sein:

- Die Anzahl der den einzelnen Hauptkostenstellen zur alleinigen Nutzung zur Verfügung gestellten Fahrzeuge.
- Die von den Mitarbeitern der Hauptkostenstellen jeweils insgesamt gefahrenen Kilometer.

27

a) Theorie: siehe Kapitel C 2.5.2 und C 3.3.1 und C 4.1.3

Position	Beleg
9	Gehalt für den Buchhalter
2	Miete für das Eingangslager
11	Speziell für den Auftrag anfallende Verpackungskosten
5	Werkzeugkosten
10	Rechnung für einen Messestand
4	Arbeitszeit für die Installation vor Ort
1	Kosten der für den Auftrag benötigten Bildschrime
6	Rechnung für ein Werkzeug, das speziell für diesen Auftrag angeschafft wurde

Hinweis:

Normale Werkzeuge werden für die verschiedensten Aufträge verwendet; die betreffenden Kosten gehören deshalb zu den Fertigungsgemeinkosten.
Die Kosten für ein Werkzeug, das speziell für einen bestimmten Auftrag angeschafft wurde, lassen sich hingegen direkt diesem Auftrag zuordnen und stellen deshalb Sondereinzelkosten der Fertigung dar.

b) Theorie: siehe Kapitel C 4.1.3

Gewinn in Euro = Selbstkosten • Gewinnzuschlagssatz in %

oder: Gewinn in Euro = Selbstkosten • Gewinnzuschlagssatz : 100

Kundenrabatt in Euro = Zielverkaufspreis • Kundenrabattsatz / (100 - Kundenrabattsatz)

In unserem Beispiel würde der konkrete Rechenweg (der hier aber nicht gefragt war und nur zum besseren Verständnis dient) somit folgendermaßen lauten:
Kundenrabatt in Euro = Zielverkaufspreis • 10 / (100 - 10) = Zielverkaufspreis • 10 / 90

28 Theorie: siehe Kapitel C 4.1.3

a)

4 Stück	Hardware	1.200,00 €/Stück	4.800,00 €
4 Stück	Software	400,00 €/Stück	1.600,00 €
1 Stück	Drucker	300,00 €/Stück	300,00 €
	Materialeinzelkosten		**6.700,00 €**
	Materialgemeinkosten	8%	**536,00 €**
	Materialkosten		**7.236,00 €**
8 Stunden	Installation	30,00 €/Stunde	240,00 €
4 Stunden	Konfiguration	35,00 €/Stunde	140,00 €
	Fertigungseinzelkosten		**380,00 €**
	Fertigungsgemeinkosten	80%	**304,00 €**
	Fertigungskosten		**684,00 €**
	Herstellkosten		**7.920,00 €**
	Verwaltungsgemeinkosten	30%	**2.376,00 €**
	Selbstkosten		**10.296,00 €**
	Gewinn	15%	**1.544,40 €**
	Angebotspreis		**11.840,40 €**

b)

Fertigungseinzelkosten		380,00 €
Fertigungsgemeinkosten	80%	304,00 €
Fertigungskosten		684,00 €
Herstellkosten		684,00 €
Verwaltungsgemeinkosten	30%	205,20 €
Selbstkosten		889,20 €
Gewinn	12,46%	110,80 €
Angebotspreis		1.000,00 €

Anmerkung:
Sie können die beiden ersten Positionen auch weglassen und das Schema gleich mit den Fertigungskosten beginnen, da sich an den Fertigungskosten gegenüber Aufgabe a) nichts geändert hat.

Da weder Rabatt noch Skonto in der Aufgabe erwähnt werden, sind Listenverkaufspreis (Angebotspreis), Zielverkaufspreis und Barverkaufspreis identisch.

Gewinn in Euro = *Barverkaufspreis - Selbstkosten* = 1.000,00 € - 889,20 € = 110,80 €

Basis für den Gewinnzuschlag sind immer die Selbstkosten.

Gewinn in Prozent = 110,80 € • 100 : 889,20 € = 12,46 % → der Auftrag lohnt sich.

29

a) Theorie: siehe Kapitel C 4.3

BAB für den abgelaufenen Monat			
Kostenstellen / Gemeinkosten	Material	Fertigung (PC-Montage)	Verwaltung und Vertrieb
: :	: :	: :	: :
Ist-Gemeinkosten (Summe)	64.000 €	74.000 €	107.520 €
Ist-Zuschlagsbasen	200.000 €	100.000 €	448.000 €
Ist-Zuschlagssätze	32%	74%	24% ①
Normal-Zuschlagsbasen	200.000 €	100.000 €	450.000 € ②
Normal-Zuschlagssätze	30%	80%	20%
Normal-Gemeinkosten	60.000 €	80.000 €	90.000 € ③
Kostenstellendifferenz	-4.000 €	6.000 €	-17.520 € ④

② Rechenweg zur Ermittlung der Herstellkosten des Umsatzes auf Normalkostenbasis:

Materialeinzelkosten	200.000 €
+ Materialgemeinkosten	60.000 €
= Materialkosten	260.000 €
Fertigungseinzelkosten	100.000 €
+ Fertigungsgemeinkosten	80.000 €
= Fertigungskosten	180.000 €
= Herstellkosten der Erzeugung	440.000 €
+ Minderbestand	10.000 €
= Herstellkosten des Umsatzes	450.000 €

Laut Aufgabenstellung musste der Rechenweg ② extra aufgeschrieben werden. Die folgenden Rechenwege dienen hingegen nur zur Erläuterung:

① *Ist-Gemeinkosten • 100 : Ist-Zuschlagsbasen → 74.000 € • 100 : 100.000 € = 74 % etc.*

③ *Normal-Zuschlagsbasen • Normalzuschlagssätze → 100.000 € • 80 % = 80.000 € etc.*

④ *Normalgemeinkosten - Ist-Gemeinkosten → 80.000 € - 74.000 € = 6.000 € etc.*

b) Theorie: siehe Kapitel C 4.1.3

	Kalkulationsschema	Zuschläge	Auftrag KA037	*Rechenwege*
	Materialeinzelkosten		18.000,00 €	
+	Materialgemeinkosten	30%	5.400,00 €	*18.000,00 € • 30 %*
=	Materialkosten		23.400,00 €	
	Fertigungseinzelkosten		1.500,00 €	
+	Fertigungsgemeinkosten	80%	1.200,00 €	*1.500,00 € • 80 %*
+	Sondereinzelkosten der Fertigung		400,00 €	
=	Fertigungskosten		3.100,00 €	
=	Herstellkosten		26.500,00 €	
+	Verwaltungs- und Vertriebsgemeinkosten	20%	5.300,00 €	*26.500,00 € • 20 %*
+	Sondereinzelkosten des Vertriebs		140,00 €	
=	Selbstkosten		31.940,00 €	
+	Gewinn	25%	7.985,00 €	*31.940,00 € • 25 %*
=	Barverkaufspreis		39.925,00 €	
+	Kundenskonto	2%	814,80 €	*39.925,00 € • 2 % : 98 %*
=	Zielverkaufspreis		40.739,80 €	
+	Kundenrabatt	10%	4.526,64 €	*40.739,80 € • 10 % : 90 %*
=	Angebotspreis		45.266,44 €	

Hinweis:
Die Ist-Zuschlagssätze des abgelaufenen Monats können völlig untypisch sein. Für die Vorkalkulation eines in der Zukunft durchzuführenden Auftrages verwendet man deshalb die Normal-Zuschlagssätze.

30 Theorie: siehe Kapitel C 4.1.4

		Lieferant A		Lieferant B		Lieferant C	
	Listeneinkaufspreis (netto)		3.000,00 €		2.500,00 €		2.700,00 €
-	Liefererrabatt	8%	240,00 €	-	0,00 €	6%	162,00 €
=	Zieleinkaufspreis		2.760,00 €		2.500,00 €		2.538,00 €
-	Liefererskonto	-	0,00 €	3%	75,00 €	2%	50,76 €
=	Bareinkaufspreis		2.760,00 €		2.425,00 €		2.487,24 €
+	Bezugskosten		30,00 €		60,00 €		0,00 €
=	Bezugs-/Einstandspreis		2.790,00 €		**2.485,00 €**		2.487,24 €

Der preisgünstigste Lieferant ist B.

31 Theorie: siehe Kapitel C 4.1.4

				Rechenweg
	Bezugspreis (netto)		200,00 €	
+	Handlungsgemeinkosten	30%	60,00 €	*200,00 € • 30 %*
=	Selbstkosten		260,00 €	
+	Gewinn	15%	39,00 €	*260,00 € • 15 %*
=	Barverkaufspreis		299,00 €	
+	Kundenskonto	3%	9,25 €	*299,00 € • 3 % : 97 %*
=	Zielverkaufspreis		308,25 €	
+	Kundenrabatt	5%	16,22 €	*308,25 € • 5 % : 95 %*
=	Listenverkaufspreis (netto)		324,47 €	

Hinweise:

- *Der Kunde zieht 3 % Skonto vom Zielverkaufspreis ab; als Ausgangswert stellt er die 100 % dar. Damit entspricht der Barverkaufspreis bei der Berechnung des Kundenskontos einem Prozentsatz von 100 % - 3 % = 97 %.*
- *Den Rabatt zieht der Kunde hingegen vom Listenverkaufspreis ab. Bei der Berechnung des Kundenrabatts entspricht damit der Listenverkaufspreis 100 % und der Zielverkaufspreis 100 % - 5 % = 95 %.*

32 Theorie: siehe Kapitel C 4.1.4

Artikel	**Nr. A15**	**Nr. A37**	**Nr. B12**	
Absatzmenge in Stück	3.400	2.100	5.300	
Verkaufspreis (netto) pro Stück in €	79,00 €	139,00 €	29,00 €	
Bezugspreis (netto) pro Stück in €	42,00 €	68,00 €	16,50 €	
Rohgewinn pro Stück in €	**37,00 €**	71,00 €	12,50 €	①
Handlungsgemeinkostenzuschlag in %	80%	80%	60%	
Selbstkosten pro Stück in €	75,60 €	**122,40 €**	**26,40 €**	②
Reingewinn pro Stück in €	**3,40 €**	16,60 €	**2,60 €**	③
Reingewinn pro Stück in %	**4,50%**	**13,56%**	9,85%	④
Gesamtgewinn in €	**11.560,00 €**	**34.860,00 €**	**13.780,00 €**	⑤

Rechenwege:

① *Rohgewinn pro Stück = Verkaufspreis (netto) pro Stück - Bezugspreis (netto) pro Stück*
Rechenweg für den Artikel A15 → 79,00 € - 42,00 € = 37,00 €

② *Handlungsgemeinkosten = Bezugspreis • Handlungsgemeinkostenzuschlagssatz*
Selbstkosten pro Stück = Bezugspreis (netto) pro Stück + Handlungsgemeinkosten
Rechenweg für den Art. A37 → 68,00 € + 68,00 € • 80 % = 68,00 € + 54,40 € = 122,40 €
oder schneller → 68,00 € • 1,8 = 122,40 €
Rechenweg für den Artikel B12 → 16,50 € • 1,6 = 26,40 €

③ *Reingewinn pro Stück = Verkaufspreis (netto) pro Stück - Selbstkosten pro Stück*
Rechenweg für den Artikel A15 → 79,00 € - 75,60 € = 3,40 €
Rechenweg für den Artikel B12 → 29,00 € - 26,40 € = 2,60 €

④ $$\textit{Reingewinn pro Stück in \%} = \frac{\textit{Reingewinn pro Stück in €}}{\textit{Selbstkosten pro Stück in €}} \bullet 100$$

Rechenweg für den Artikel A15 = 3,40 € • 100 : 75,60 € = 4,50 %
Rechenweg für den Artikel A37 = 16,60 € • 100 : 122,40 € = 13,56 %

⑤ *Gesamtgewinn = Reingewinn pro Stück in € • Absatzmenge*
Rechenweg für den Artikel A15 = 3,40 € • 3.400 =11.560,00 € usw.

33 Theorie: siehe Kapitel C 4.1.4

	Anbieter A		Anbieter B	
Listeneinkaufspreis (netto)		8.300,00 €		8.100,00 €
- Liefererrabatt	5%	415,00 €	2%	162,00 €
= Zieleinkaufspreis		7.885,00 €		7.938,00 €
- Liefererskonto	3%	236,55 €	3%	238,14 €
= Bareinkaufspreis		7.648,45 €		7.699,86 €
+ Bezugskosten		18,00 €		24,00 €
= Bezugs-/Einstandspreis		7.666,45 €		7.723,86 €

Der preisgünstigste Anbieter ist A.

34 Theorie: siehe Kapitel C 4.1.4

	Anbieter A		Anbieter B	
	Rechenweg	Betrag	Rechenweg	Betrag
Server		3.600,00 €		3.900,00 €
PCs	6 • 1.400,00 €	8.400,00 €	6 • 1.340,00 €	8.040,00 €
Vernetzung		0,00 €	8 • 140,00 €	1.120,00 €
Software	6 • 420,00 €	2.520,00 €	6 • 380,00 €	2.280,00 €
Listeneinkaufspreis (netto)		14.520,00 €		15.340,00 €
- Rabatt		0,00 €	6 % • 15.340,00 €	920,40 €
= Zieleinkaufspreis		14.520,00 €		14.419,60 €
- Skonto		0,00 €	2 % • 14.419,60 €	288,39 €
= Bareinkaufspreis		14.520,00 €		14.131,21 €

Der preisgünstigste Anbieter ist B.

35 Theorie: siehe Kapitel C 4.1.4

Kalkulationsschema		Prozent-satz	Betrag in EUR		*Rechenweg*
Listeneinkaufspreis (netto)	*LEP*		20.000,00	↓	
Liefererrabatt		10,00%	2.000,00		*10 % • LEP*
Zieleinkaufspreis	*ZEP*		18.000,00		*LEP - Liefererrabatt*
Liefererskonto		2,00%	360,00		*2 % • ZEP*
Bareinkaufspreis	*BEP*		17.640,00		*ZEP - Liefererskonto*
Bezugskosten			150,00		
Bezugs-/Einstandspreis	*BP*		17.790,00		*BEP + Bezugskosten*
Handlungs(gemein)kosten	*HK*	70,00%	12.453,00		*70 % • BP*
Selbstkosten	*SK*		30.243,00		*BP + HK*
Gewinn		5,34%	1.615,68	↑	*BVP - SK*
Barverkaufspreis	*BVP*		31.858,68		*ZVP - Kundenskonto*
Kundenskonto		3,00%	985,32		*3 % • ZVP*
Zielverkaufspreis	*ZVP*		32.844,00		*LVP - Kundenrabatt*
Kundenrabatt		8,00%	2.856,00		*8 % • LVP*
Listen-/Nettoverkaufspreis	*LVP*		35.700,00		*Brutto-VP - USt*
Umsatzsteuer	*USt*	19,00%	6.783,00		*Brutto-VP : 119 • 19*
Bruttoverkaufspreis	*Brutto-VP*		42.483,00		

Basis für den Gewinnzuschlag sind immer die Selbstkosten.

$$\text{Gewinn (in \%)} = \frac{1.615,68 \cdot 100}{30.243,00} = 5,34\ \%$$

Hinweis:

Die Umsatzsteuer wird auf den Nettoverkaufspreis addiert. Folglich stellt der Nettoverkaufspreis die Basis dar und entspricht 100 %. Der Bruttoverkaufspreis entspricht damit 100 % + 19 % = 119 %.

36 Theorie: siehe Kapitel C 4.1.4

Kalkulationsschema		Prozent-satz	Betrag in EUR	*Erläuterungen*
Listeneinkaufspreis (netto)	LEP		40,00	
- Liefererrabatt		5%	2,00	*5 % vom LEP (5 % • 40,00)*
= Zieleinkaufspreis	ZEP		38,00	
- Liefererskonto		3%	1,14	*3 % vom ZEP (3 % • 38,00)*
= Bareinkaufspreis	BEP		36,86	
+ Bezugskosten			3,14	
= Bezugs-/Einstandspreis	BP		40,00	
+ Handlungs(gemein)kosten	HK	25%	10,00	*25 % vom BP (25 % • 40,00)*
= Selbstkosten	SK		50,00	
+ Gewinn		10%	5,00	*10 % von den SK (10 % • 50,00)*
= Barverkaufspreis	BVP		55,00	
+ Kundenskonto		2%	1,12	*2 % vom ZVP → BVP = 98 %*
= Zielverkaufspreis	ZVP		56,12	
+ Kundenrabatt		4%	2,34	*4 % vom LVP → ZVP = 96 %*
= Listen-/Nettoverkaufspreis	LVP		58,46	
+ Umsatzsteuer		19%	11,11	*19 % vom LVP (19 % • 58,46)*
= Bruttoverkaufspreis			69,57	

Rechenwege:

Kundenskonto =55,00 € • 2 : 98 = 1,12 €

Kundenrabatt = 56,12 € • 4 : 96 = 2,34 €

37 Theorie: siehe Kapitel C 4.4

a)

Teilprozesse	Art	Messgröße	Plan-prozess-menge	Planprozess-kosten	Prozess-kostensatz (lmi)	Umlagesatz (lmn)	Gesamt-prozess-kostensatz
Kundengespräche durchführen	lmi	Anzahl der Kunden	1.600	32.000,00 €	20,00 €	5,00 €	25,00 €
Seminare vorbereiten	lmi	Anzahl der Seminare	400	20.000,00 €	50,00 €	12,50 €	① **62,50 €**
Seminare durchführen	lmi	Anzahl der Seminare	400	88.000,00 €	220,00 €	② **55,00 €**	275,00 €
Seminare abrechnen	lmi	Anzahl der Rechnungen	1.600	24.000,00 €	③ **15,00 €**	④ **3,75 €**	⑤ **18,75 €**
Geschäftsbereich leiten	lmn	-	-	41.000,00 €	-	-	-

Rechenwege:

① $50{,}00\,€ + 12{,}50\,€ = 62{,}50\,€$

② $275{,}00\,€ - 220.00\,€ = 55{,}00\,€$

③ $24.000{,}00\,€ : 1.600 = 15{,}00\,€$

④ *Umlagesatz in Prozent =*
$41.000\,€ \cdot 100 : (32.000\,€ + 20.000\,€ + 88.000\,€ + 24.000\,€) = 25\,\%$

Umlagesatz in Euro $= 15{,}00\,€ \cdot 25\,\% = 3{,}75\,€$

oder

$$\text{Umlagesatz in Euro} = \frac{41.000\,€}{32.000\,€ + 20.000\,€ + 88.000\,€ + 24.000\,€} \cdot 15\,€ = 3{,}75\,€$$

⑤ $15{,}00\,€ + 3{,}75\,€ = 18{,}75\,€$

b)

Zuerst werden im Rahmen einer Tätigkeitsanalyse die Teilprozesse und die dazugehörigen Messgrößen (Kostentreiber) ermittelt.
Für jeden Teilprozess werden dann die Planprozessmengen und die dabei zu erwartenden Planprozesskosten geplant.
Danach werden die Prozesskostensätze berechnet, indem man die Planprozesskosten durch die Planprozessmengen teilt.
Anschließend wird der Umlagesatz errechnet. Hierzu werden die Planprozesskosten des lmn-Prozesses geteilt durch die Summe der Planprozesskosten aller lmi-Prozesse und das Ergebnis multipliziert mit dem Prozesskostensatz des betreffenden lmi-Prozesses.
Zum Schluss wird für jeden lmi-Prozess der Gesamtprozesskostensatz ermittelt, indem man auf den betreffenden Prozesskostensatz den dazugehörigen Umlagesatz addiert.

38 Theorie: mathematisch ähnlich wie Kapitel C 5.1.4

Gesucht wird das Übertragungsvolumen x bei dem die Kosten der beiden Tarife gleich hoch sind. Folglich lässt sich x errechnen, indem man die Kosten für Tarif A gleichsetzt mit den Kosten für Tarif B und anschließend die Gleichung nach x auflöst.

$$24 + 1{,}30\,x = 63 \quad \big|\ -24$$

$$\rightarrow \quad 1{,}30\,x = 39 \quad \big|\ :1{,}30$$

$$\rightarrow \quad x = 39 : 1{,}30 = 30$$

Bei 30 Gbyte Übertragungsvolumen pro Monat sind die Kosten bei beiden Tarifen gleich hoch.

39

a) Theorie: siehe Kapitel C 5.1.1

	Produktgruppen	A	B	C
	Verkaufspreis netto pro Stück	90,00 €	50,00 €	60,00 €
-	Einstandspreis netto pro Stück	62,00 €	40,00 €	42,00 €
-	variable Handelswaren-Gemeinkosten	18,60 €	12,00 €	12,60 €
=	Deckungsbeitrag pro Stück	9,40 €	-2,00 €	5,40 €

Aufgrund des negativen Deckungsbeitrages sollte Produktgruppe B aus Kostengesichtspunkten aus dem Sortiment entfernt werden.

Hinweise und Rechenwege:

- *Deckungsbeitrag pro Stück = Verkaufspreis netto pro Stück - variable Kosten pro Stück*
  Der Einstandspreis netto gehört zu den variablen Kosten.
  Die variablen Handelswaren-Gemeinkosten werden in Prozent vom Einstandspreis gerechnet → 62,00 € • 30 % = 18,60 € etc.
- *Die Angabe der fixen Kosten stellt eine Falle dar; bei der Ermittlung der Deckungsbeiträge werden die fixen Kosten nicht berücksichtigt.*

b) Theorie: siehe Kapitel C 5.1.4

Deckungsbeitrag pro Stück (Sonderaktion) = 90,00 € - 62,00 € - 18,60 € - 4,00 € = 5,40 €

oder schneller: 9,40 € - 4,00 € = 5,40 €

Durch die Sonderaktion erhöhen sich die variablen Kosten pro Stück um 4,00 €. Da der Verkaufspreis pro Stück und die anderen variablen Kosten gleich bleiben, wird sich der Deckungsbeitrag pro Stück um diese 4,00 € verringern.

Notwendige Absatzsteigerung = *zusätzliche Fixkosten : Deckungsbeitrag pro Stück*
= 1.080,00 € : 5,40 € = 200

In den 4 Monaten der Sonderaktion müssen von Produkt A mindestens 200 Stück zusätzlich verkauft werden, um die Kosten der Sonderaktion zu decken.

40

a) Theorie: siehe Kapitel C 5.1.1

Deckungsbeitrag pro Seminar (db) = *Erlös pro Seminar - variable Kosten pro Seminar* (k_v)
= 700,00 € - 200,00 € = 500,00 €

b) Theorie: siehe Kapitel C 5.1.1

Deckungsbeitrag pro Jahr (DB) = *Deckungsbeitrag pro Seminar • Anzahl der Seminare*
= 500,00 € • 600 = 300.000,00 €

Fixe Kosten pro Jahr (K_f) = 3.000,00 € • 12 +26.000,00 € + 98.000,00 € = 160.000,00 €

Jahreserfolg = DB - K_f = 300.000,00 € - 160.000,00 € = 140.000,00 €

Alternativlösung:

Fixe Kosten pro Jahr (K_f) = 3.000,00 € • 12 +26.000,00 € + 98.000,00 € = 160.000,00 €

Variable Kosten pro Jahr (K_v) bei Vollauslastung (600 Seminare) =
600 • 200,00 € = 120.000,00 €

Gesamtkosten pro Jahr = K_f + K_v = 160.000,00 € + 120.000,00 € = 280.000,00 €

Umsatzerlöse bei Vollauslastung (600 Seminare) = 600 • 700,00 € = 420.000,00 €

Jahreserfolg = Umsatzerlöse - Gesamtkosten = 420.000,00 € - 280.000,00 € = 140.000,00 €

Hinweis:

Der Erfolg ist im Rechnungswesen ein neutraler Begriff, bei dem es sich sowohl um einen Gewinn als auch um einen Verlust handeln kann. In unserem Beispiel liegt ein Gewinn vor.

c) Theorie: siehe Kapitel C 5.1.4

Break-even-Point (BEP) = *fixe Kosten (K_f) : Deckungsbeitrag pro Seminar (db)*
= 160.000,00 € : 500,00 € = 320 Seminare

Alternativlösung:

Die Aufgabe lässt sich auch, allerdings mit etwas längerem Rechenweg, über eine klassische Gleichung lösen. Für die Gewinnschwelle gilt, dass die Erlöse genauso hoch sind wie die Kosten. Die unbekannte Absatzmenge x lässt sich dann folgendermaßen ermitteln:

	Erlöse	=	Kosten	
	Erlöse	=	$K_f + k_v \cdot x$	
	700 x	=	160.000 + 200 x	- 200 x
→	500 x	=	160.000	: 500
→	x	=	160.000 : 500	
→	x	=	320	

d)

Zur Verringerung der Gewinnschwelle müssen entweder die Erlöse erhöht oder die Kosten gesenkt werden. Dies könnte beispielsweise erreicht werden durch:

- eine Erhöhung des Seminarpreises
- Senkung der Verwaltungskosten
- Senkung der Vertriebskosten

41

a) Theorie: siehe Kapitel C 5.1.1

Produkte	A	B	C	Summe
Verkaufserlöse (netto) in €	620.000,00	700.000,00	580.000,00	
- variable Kosten in €	490.000,00	560.000,00	610.000,00	
= Deckungsbeitrag in €	130.000,00	140.000,00	-30.000,00	240.000,00
- Fixkosten in €				60.000,00
= Betriebsergebnis in €				180.000,00

b) Theorie: siehe Kapitel C 5.1.1

Das Produkt C sollte aus dem Sortiment genommen werden. Durch den Wegfall des negativen Deckungsbeitrages in Höhe von -30.000,00 € würde das Betriebsergebnis auf 210.000,00 € (180.000,00 € + 30.000,00 €) steigen.

c) Theorie: siehe Kapitel C 5.1.3

Kurzfristige Preisuntergrenze = variable Kosten pro Stück
= variable Kosten der Periode : Absatzmenge der Periode
= 560.000,00 € : 80.000 Stück = 7 €/Stück

Für kurzfristige Entscheidungen sind die fixen Kosten nicht relevant, da sie kurzfristig nicht abgebaut werden können. Der Verkaufspreis muss aber zumindest die Kosten abdecken, die durch die Produktion und den Verkauf des Produktes zusätzlich anfallen. Die kurzfristige Preisuntergrenze liegt entsprechend in Höhe der variablen Kosten pro Stück.

d) Theorie: siehe Kapitel C 5

Bei der Ermittlung der kurzfristigen Preisuntergrenze wurden nur die variablen Kosten, nicht jedoch die fixen Kosten, berücksichtigt, dies ist typisch für die Teilkostenrechnung.

e) Theorie: siehe Kapitel C 5.1.1

Der Deckungsbeitrag pro Stück zeigt auf, in welchem Umfang ein Erzeugnis über die Erwirtschaftung seiner eigenen variablen Kosten hinaus zusätzlich zur Deckung der fixen Kosten beiträgt.

42

a) Theorie: siehe Kapitel C 5.1.4

Fixe Kosten pro Jahr (K_f) = 4.000 Arbeitsstunden : 2 Jahre • 100,00 €/Stunde = 200.000,00 €

Variable Kosten pro Lizenz (k_v) =
70 Arbeitsstunden • 100,00 €/Stunde + 1.400,00 € = 7.000,00 € + 1.400,00 € = 8.400,00 €

Deckungsbeitrag pro Lizenz (db) = *Erlöse pro Lizenz - k_v* =
13.400,00 € - 8.400,00 € = 5.000,00 €

$$\text{Break-even-Point} = \frac{K_f}{db} = \frac{200.000{,}00\ €}{5.000{,}00\ €} = 40\ \text{Lizenzen}$$

Bei 40 Lizenzen pro Jahr wird ein Gewinn von 0 € bzw. kein Verlust mehr erzielt.

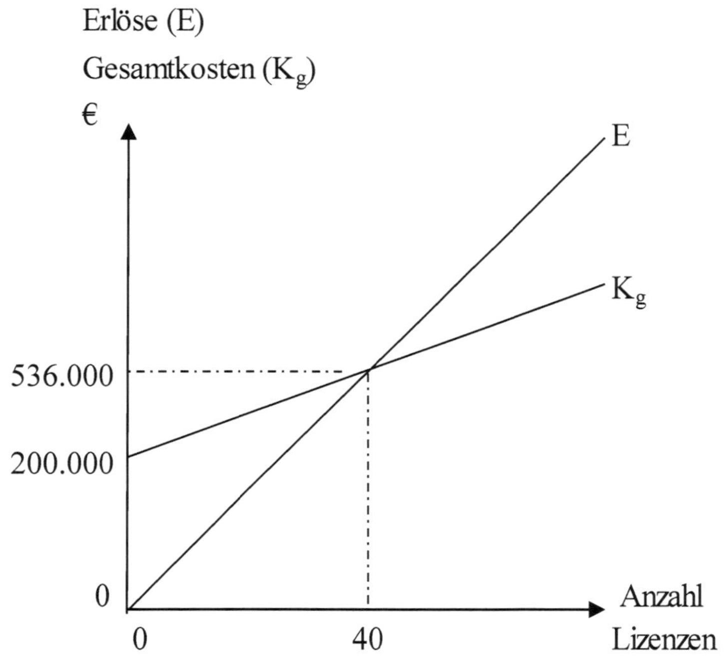

b) Theorie: siehe Kapitel C 5.1.3

Damit kein Verlust anfällt, muss der Nettoverkaufspreis die Selbstkosten decken.

Fixe Kosten pro Lizenz = 200.000,00 € : 32 Lizenzen = 6.250,00 €

Selbstkosten pro Lizenz = *fixe Kosten pro Lizenz + variable Kosten pro Lizenz* =
6.250,00 € + 8.400,00 € = 14.650,00 €

43 Theorie: siehe Kapitel C 5.2

a)

Geschäftsbereich	Software			
Geschäftsfelder	Softwareentwicklung		Softwarehandel	
Umsatzerlöse		620.000 €		240.000 €
Variable Kosten	20%	124.000 €	20%	48.000 €
Deckungsbeitrag 1		496.000 €		192.000 €
Geschäftsfeldfixe Kosten		40.000 €		210.000 €
Deckungsbeitrag 2		456.000 €		-18.000 €
Geschäftsbereichsfixe Kosten	60.000 €			
Deckungsbeitrag 3	378.000 €			

Hinweis:

Dass die variablen Kosten in Prozent vom Umsatz gerechnet werden, ist eher unüblich. Die vorgegebene Tabelle lässt jedoch keine andere (sinnvolle) Vorgehensweise zu. Bei manchen IHK-Aufgaben müssen Sie etwas flexibel sein.

b)

Durch den Wegfall des negativen Deckungsbeitrages des Geschäftsfeldes Softwarehandel würde sich das Betriebsergebnis um 18.000 € verbessern.

c)

Nachteile sind z. B.:

- Entlassungen werden notwendig.
- Der Wegfall des Geschäftsfeldes Softwarehandel kann zu Auftragseinbußen auch in den anderen Geschäftsfeldern führen.

d)

Die variablen Kosten müssen auf 48.000 € - 18.000 € = 30.000 € gesenkt werden.

Der Prozentsatz für die variablen Kosten darf damit höchstens 30.000 € • 100 / 240.000 € = 12,50 % betragen.

e)

Mögliche Verteilungsschlüssel sind z. B.

- der jeweilige Umsatz der Geschäftsfelder,
- die Mitarbeiterzahl pro Geschäftsfeld,
- die Anzahl der Kunden pro Geschäftsfeld.

44 Theorie: mathematisch ähnlich wie Kapitel C 5.1.4

Gesucht wird die unbekannte Anzahl an Lizenzen x.

Eigenentwicklung:

Erlöse = *Nettoverkaufspreis/Lizenz • x* = 17.500 x

Kosten = *fixe Kosten pro Jahr + variable Kosten/Lizenz • x*
= 560.000 : 4 + 5.000 • 12 + 1.500 • x
= 140.000 + 60.000 + 1.500 x
= 200.000 + 1.500 x

Erfolg = *Erlöse - Kosten* = 17.500 x - 200.000 - 1.500 x
= 16.000 x - 200.000

Handelsware:

Erlöse = *Nettoverkaufspreis/Lizenz • x* = 20.400 x

Kosten = *fixe Kosten pro Jahr + variable Kosten/Lizenz • x* = 500 • 12 + 8.000 • 1,3 • x
= 6.000 + 10.400 x

Hinweis:

Auf den Nettoeinkaufspreis/Lizenz (= 100 %) werden die variablen Handlungsgemeinkosten (= 30%) addiert; zusammen sind dies 130 % oder das 1,3-fache des Nettoeinkaufspreises.

Erfolg = *Erlöse - Kosten* = 20.400 x - 6.000 - 10.400 x
= 10.000 x - 6.000

Break-even-Point:

	Erfolg der Eigenentwicklung	=	*Erfolg der Handelsware*	
	16.000 x - 200.000	=	10.000 x - 6.000	+ 200.000
→	16.000 x	=	10.000 x + 194.000	- 10.000 x
→	6.000 x	=	194.000	: 6.000
→	x	=	194.000 : 6.000	
→	x	=	32,33	

Ab 33 Lizenzen pro Jahr wird mit der selbst entwickelten Software ein höherer Gewinn erzielt als mit der Handelsware.

Anmerkung:

Bei der Ermittlung des Break-even-Points muss immer aufgerundet werden.

45

a) Theorie: mathematisch ähnlich wie Kapitel C 5.1.4

Gesucht wird der unbekannte monatliche Umsatz x, bei dem die Kosten für die Reisenden und die Vertreter gleich hoch sind.

	Kosten der Vertreter	=	Kosten der Reisenden	
	$0{,}1\,x + 700$	=	$0{,}02\,x + 8.000 + 1.000$	- 700
→	$0{,}1\,x$	=	$0{,}02\,x + 8.300$	- 0,02 x
→	$0{,}08\,x$	=	8.300	: 0,08
→	x	=	$8.300 : 0{,}08$	
→	x	=	103.750	

Bei mehr als 103.750,00 € Umsatz pro Monat sind die Reisenden günstiger.

Hinweis:
Statt 0,1 x hätten Sie auch 10 % • x schreiben können und statt 0,02 x entsprechend 2 % • x. Viele Prüflinge haben jedoch Schwierigkeiten mit Prozentzahlen richtig zu rechnen. Für diese ist es besser, die Prozentzahlen in Dezimalzahlen umzurechnen.

b) Theorie: siehe Kapitel C 2.5.3

Zu den fixen Kosten gehören das Gehalt und die Spesen für die Reisenden sowie das Fixum für die Vertreter.
Die Umsatzprovisionen stellen variable Kosten dar.

46

Kreditkauf		
Kosten	Rechenweg	Betrag
Zinsen	30.000,00 € • 5,4 % • 6	9.720,00 €
Tilgung		30.000,00 €
Gesamtkosten		39.720,00 €

Leasing		
Kosten	Rechenweg	Betrag
Leasingrate netto pro Monat	714,00 € : 1,19 = 600,00 €	
Leasingraten insgesamt	600,00 € • 12 • 6	43.200,00 €
Gesamtkosten		43.200,00 €

Der Kreditkauf ist günstiger.

Hinweise:

- *Für Unternehmen stellt nur der Nettobetrag Kosten dar, da sie die von ihnen selbst gezahlte Umsatzsteuer vom Finanzamt erstattet bekommen (siehe Kapitel B 4). Zur Ermittlung der Kosten muss deshalb der Bruttobetrag (= 119 %) in den Nettobetrag (= 100 %) umgerechnet werden → 714,00 € • 100 : 119 oder 714,00 € : 1,19*
- *Die gesamten Investitions- und Betriebskosten (inklusive Nebenkosten) über die komplette Nutzungsdauer werden auch als* ***Total Cost of Ownership (TCO)*** *bezeichnet. In unserem Beispiel stellen die 39.720,00 € die Total Cost of Ownership des Kreditkaufs dar.*

Stichwortverzeichnis

A

Abgrenzungsrechnung 61
Abschreibung
  bilanzielle 38
  kalkulatorische 65
Abschreibungsmethoden 39
Aktivkonten 17
Aktiv-Passiv-Mehrung 17
Aktiv-Passiv-Minderung 17
Aktivtausch 16
Allgemeine Kostenstellen 78
Allowable Costs 107
Anderskosten 62
Anlagevermögen 11
Anschaffungskosten, Begriff 46
Äquivalenzziffernkalkulation 81
Aufwand 28
  außerordentlicher 61
  betriebsfremder 61
  neutraler 61
  periodenfremder 61
Ausgaben 27
außerordentlicher Aufwand 61
außerordentlicher Ertrag 62
Auszahlung 27

B

Beschäftigungsabweichung 106
Bestandskonten, Begriff 17
Bestandskonten, Buchung 19
Betriebsabrechnungsbogen (BAB)
  einstufig 74
  erweitert 77
  mehrstufig 78
Betriebsergebnis 64
betriebsfremder Aufwand 61
betriebsfremder Ertrag 62
Betriebsvergleich 8
Bezugskosten, Begriff und Buchung 46
Bilanz 7, 13
  Eröffnugsbilanz 19
  Schlussbilanz 19
Break-even-Analyse 100
Break-even-Point 100
Buchführungspflicht 9
Buchinventur 10
Buchungssatz 22

D

Debitorenkonten 56
Deckungsbeitrag 97
Deckungsbeitragsrechnung (Direct Costing) 95, 96
  mehrstufige 102
Divisionskalkulation 81
doppelte Buchführung 15
Drifting Costs 107

E

Eigenfertigung 101
Eigenkapital 13
Einnahmen 27
einstufiger Betriebsabrechnungsbogen 74
Einzahlung 27
Einzelkosten 71
Endkostenstellen 78
Erfolgskonten 29
Ergebnis
  Betriebsergebnis 64
  Gesamtergebnis 64
  neutrales Ergebnis 64
  Umsatzergebnis 91
Ergebnistabelle
  einfache 63
  erweiterte 68
erlaubte Kosten (Allowable Costs) 107
Eröffnungsbilanz 19
Eröffnungsbilanzkonto (EBK) 25
Ertrag 28
  außerordentlicher 62
  betriebsfremder 62
  neutraler 62
  periodenfremder 62
erweiterte Ergebnistabelle 68
erweiterter Betriebsabrechnungsbogen 77
erzeugnisfixe Kosten 102
erzeugnisgruppenfixe Kosten 102

F

Fertigungshilfsstellen 78
Finanzbuchführung (Finanzbuchhaltung) 7
fixe Kosten 71, 102
  erzeugnisfixe Kosten 102
  erzeugnisgruppenfixe 102
  unternehmensfixe 102
flexible Plankostenrechnung 105
Fremdbezug 101
Fremdkapital 13

G

Gemeinkosten 71
Gesamtabweichung 104, 106
Gesamtergebnis 64
Geschäftsbuchhaltung 7
Gewinn- und Verlustkonto 29
Gewinn- und Verlustrechnung 7
Gewinnschwelle 100
GoB 9
Grundbuch 23
Grundkosten 61
Grundsätze ordnungsgemäßer Buchführung (GoB) 9
Gutschriften
  an Kunden 53
  von Lieferanten 48

H

Handelskalkulation 86
Handelsspanne 87
Handelsware 41
Herstellkosten 76

I

Inventar 11
Inventur 10
  Buchinventur 10
  körperliche 10
  Stichtagsinventur 10
Inventurvereinfachungsverfahren 11
  permanente Inventur 11
  Stichprobeninventur 11
  verlegte Inventur 11
  zeitnahe Stichtagsinventur 11
Istbeschäftigung 104
Istkosten 60, 104
Istkostenrechnung 60

J

Jahresabschluss 7, 57
Journal 23

K

Kalkulation 80
  Äquivalenzziffernkalkulation 81
  Divisionskalkulation 81
  Handelskalkulation 86
  Nachkalkulation 85
  Vorkalkulation 83
  Zuschlagskalkulation 83
Kalkulationszuschlag 87
kalkulatorische Kosten 62
  kalkulatorische Abschreibung 65
  kalkulatorische Miete 68
  kalkulatorische Wagnisse 67
  kalkulatorische Zinsen 66
  kalkulatorischer Unternehmerlohn 68
Kapital 13
  Eigenkapital 13
  Fremdkapital 13
Konten
  Aktivkonten 17
  Bestandskonten, Begriff 17
  Bestandskonten, Buchung 19
  Debitorenkonten 56
  Erfolgskonten 29
  Eröffnungsbilanzkonto (EBK) 25
  Gewinn- und Verlustkonto 29
  Kreditorenkonten 56
  Passivkonten 17
  Privatkonto 37
  Schlussbilanzkonto (SBK) 25
Konto (Begriff) 17
Kontokorrentbuch 56
körperliche Inventur 10
Kosten 61
  Anderskosten 62
  Einzelkosten 71
  erlaubte Kosten (Allowable Costs) 107
  fixe 71, 102
  Gemeinkosten 71
  Grundkosten 61
  Herstellkosten 76
  Istkosten 104
  kalkulatorische 62
  Mischkosten 71
  Normalkosten 89
  Plankosten 103
  Sollkosten 105
  Standardkosten (Drifting Costs) 107
  variable 71
  verrechnete Plankosten 104
  Zielkosten (Target Costs) 107
  Zusatzkosten 62
Kosten- und Leistungsrechnung (KLR) 8, 59
  Aufgaben 59
Kostenartenrechnung 60
Kostengliederung 70
  verbrauchte Produktionsfaktoren 70
  Verhalten bei Beschäftigungsänderung 71
  Zurechenbarkeit zu den Kostenträgern 70
Kostenstellen 74
  Allgemeine Kostenstellen 78
  Endkostenstellen 78
  Fertigungshilfsstellen 78
  Vorkostenstellen 78
Kostenstellenrechnung 60
  Aufgaben 73
  mit Normalkosten 89
Kostenträgerblatt (BAB II) 88
Kostenträgerrechnung 60, 80
Kostenträgerstückrechnung (Kalkulation) 80
Kostenträgerzeitrechnung 80
  mit Istkosten 88
  mit Normalkosten 89
Kostenüberdeckung 89
Kostenunterdeckung 89
Kreditorenkonten 56

L

Leistungen 62

M

mehrstufige Deckungsbeitragsrechnung 102
mehrstufiger Betriebsabrechnungsbogen 78
Mehrwertsteuer 31
Mengenabweichung 105
Mischkosten 71

N

Nachkalkulation 85
Nebenbücher 56
neutraler Aufwand 61
neutraler Ertrag 62
neutrales Ergebnis 64
Niederstwertprinzip 57
Normalkosten 89
Normalkostenrechnung 60
Normalzuschlagssätze 83

P

Passivkonten 17
Passivtausch 16
periodenfremder Aufwand 61
periodenfremder Ertrag 62
permanente Inventur 11
Plankosten 103
Plankostenrechnung 60, 103
  flexible 105
  starre 104
Plankostenverrechnungssatz 104
Planungsrechnung 8
Preisabweichung 105
Preisnachlässe
  im Absatzbereich 53
  im Beschaffungsbereich 48
Preisuntergrenze 99
Privatkonto 37
Produktionsprogrammplanung
  bei freien Kapazitäten 96
  bei knappen Kapazitäten 98
Prozesskostenrechnung 92
Prozesskostensatz 93

R

Rechnungsangaben 10
Rechnungswesen 7
Reingewinn 88
Reinvermögen 11
Rohgewinn 87
Rückstellungen 58

S

Schlussbilanz 19
Schlussbilanzkonto (SBK) 25
Schulden 11
Skonto 51
  Kundenskonto 55
  Lieferantenskonto 51
Soll-Ist-Vergleich 8
Sollkosten 105
Standardkosten (Drifting Costs) 107
starre Plankostenrechnung 104
Statistik 8
Stichprobeninventur 11
Stichtagsinventur 10
Stufenleiterverfahren 79

T

Target Costing 107
Target Costs 107
Target Price 107
Target Profit 107
Teilkostenrechnung 60, 95
Total Cost of Ownership (TCO) 163

U

Umlagesatz 94
Umlaufvermögen 11
Umsatzergebnis 91
Umsatzsteuer (Mehrwertsteuer) 31
unternehmensfixe Kosten 102

V

variable Kosten 71
Verbrauchsabweichung 105
verlegte Inventur 11
Vermögen 11
  Anlagevermögen 11
  Bewertung 57
  Reinvermögen 11
  Umlaufvermögen 11
verrechnete Plankosten 104
Vertriebskosten, Begriff und Buchung 52
Vollkostenrechnung 60
Vorkalkulation (Angebotskalkulation) 83
Vorkostenstellen 78
Vorsichtsprinzip 9
Vorsteuer 31

W

Wareneinkauf
  aufwandsorientierte Buchung 43
  bestandsorientierte Buchung 41
Wareneinsatz 42
Werkstoffeinkäufe, aufwandsorientierte Buchung 45

Z

Zahllast 34
zeitnahe Stichtagsinventur 11
Zeitvergleich 8
Zielgewinn (Target Profit) 107
Zielkosten (Target Costs) 107
Zielkostenrechnung (Target Costing) 107
Zielpreis (Target Price) 107
Zusatzkosten 62
Zuschlagsgrundlagen 76
Zuschlagskalkulation 83
Zuschlagssätze
  Ermittlung 76
  Normalzuschlagssätze 83

20022405R00095

Printed in Poland
by Amazon Fulfillment
Poland Sp. z o.o., Wrocław